新　潮　文　庫

こわくない物理学

—物質・宇宙・生命—

志村史夫著

目次

Why does this applied science,

which saves work and makes life easier,

bring us so little happiness?

The simple answer runs:

Because we have not yet learned to make

sensible use of it.

—— *Albert Einstein*

こわくない物理学

物質・宇宙・生命

まえがき

古代ギリシャの自然哲学者たちによって蒔《ま》かれた〝科学の種〟は一七世紀に到《いた》り〝近代科学〟の萌芽《ほうが》にまで成長した。その近代科学は一八世紀後半から一九世紀末にかけて、幾多の近代技術を生み、二〇世紀になって絢爛《けんらん》たる〝果実〟をたわわに実らせた。科学・技術は人類に未曾有《みぞう》の物質的繁栄をもたらしたのである。今日の「文明国」では、人々は物質的繁栄の中で、便利さに満ちた「豊かな」生活を送っている。

しかし、一方において、科学・技術の〝負の効果〟として、地球環境の急激な悪化という、地球上の生物にとって誠に深刻な事態が明らかになっている。また、われわれ「現代文明人」の精神は、物質的繁栄と逆行するように病が進んでいるように思われる。

これはどうしたことだろうか。

われわれ人類が築き上げた科学、そして、その産物である技術に、何か本質的な欠陥があったのだろうか。いまにして思えば、だから、アイスキュロスが「伝える」ように、先見の明に長《た》けた古代ギリシャ人は最高神・ゼウスに人類の恩神・プロメテウスを縛らせたのであろう。

人類が二〇世紀に開花させた「現代文明」の象徴は、半導体エレクトロニクスに代表される〃ハイテク〃である。

私事ながら、実は、私自身、長い間、半導体エレクトロニクスの分野で仕事をしてきた者なのである。

いまからおよそ一五年前、一般向けの半導体エレクトロニクスの入門書（『砂からエレクトロザウルスへ——魔法の石・シリコン』東明社、一九八六）を書いた時、私は「エレクトロザウルス」という言葉を造った。「エレクトロザウルス」は「現代の科学と技術の粋を集めたエレクトロニクスが生んだ現代の巨大な怪物」の意味である。具体的にはコンピューターに代表されるさまざまな電気・電子機器を指す。

その造語の当時、私はアメリカにおり、エレクトロニクスの基盤である半導体結晶に関する研究の「絶頂期」にあったのだが、同時に、将来は人間が作り上げたエレクトロザウルスに人間自身が支配される社会になってしまうのではないか、「現代文明」は根本的な矛盾を内蔵しているのではないか、という危惧《きぐ》の念を抱いていたのも事実なのである。前掲書の「エピローグ」の中で、私は「基本的に、エレクトロザウルスが果たすべき役割は、われわれの知的活動を支援し、単純労働の肩代わりをすることで、われわれ人間を支配することではない。あくまでも、エレクトロザウルスを調教し、支配するのは人間である。しかし、また、われわれが、エレクトロザウルスを支配すべき人間であることを自覚し、それを支配し得る能力、知力を身につけない限り、われわれ自身がエレクトロザウルスに支配される可能性があることも否《いな》めない事実である」と書いている。

そのような危惧が、結果的に、一九九三年の秋、私を一〇年余暮した「現代文明」の権化《ごんげ》のようなアメリカから帰国させ、〝ハイテク〟の道から引退させることになった。

爾来《じらい》、私は、〝科学〟〝技術〟〝文明と人間〟そして〝自然〟そのものについて再考を続けてきた。

前者については拙著『文明と人間――科学・技術は人間を幸福にするか』（丸善ブックス、一九九七）にまとめた。

本書は、この間、私が〝自然〟、具体的には物質、宇宙、生命について考えてきたことをまとめたものである。

私は、長年、物理、特に〝物質〟に関する研究をやってきた者であり、狭い意味でいえば宇宙と生命は、いわば〝専門外〟の分野である。とはいえ、「物質はいかにして生まれたのか」つまり〝宇宙の誕生〟と「生命は物質からいかにして生まれたのか」つまり〝生命の誕生〟は、私にとって長年の（多分、永遠の）神秘であった。

だから、本書は、物質・宇宙・生命の〝専門書〟ではなく、私が先人から学び、私自身が〝物質〟を通して考えた〝宇宙〟と〝生命〟を述べるものである。したがって、宇宙や生命の専門家から見れば〝的外れ〟の論考もあるであろうことを恐れる。しかし、私は、それも〝物質〟を通して考えた〝宇宙〟〝生命〟の一端である、と開き直ることにしよう。とはいえ、専門家の方々から御叱正《ごしっせい》をいただければありがたい。

それにしても、「物質・宇宙・生命」は、あまりにも壮大なテーマであり、本書の紙幅に述べきれるようなものでも、また、浅学非才《せんがくひさい》の私一人に扱えるようなものでもないことを、私は、もちろん、承知している。それでもなお、私に本書を執筆させたのは、「現代文明」が内蔵する本質的な矛盾に対する疑いと、〝自然〟の本質的理解に、ほんの少しでも近づきたいと思う単純な知的好奇心であった。

読者諸氏と、私の好奇心を少しでも分かち合えれば、著者として、これに勝る喜びはない。

プロローグ

生物と無生物、生命

われわれの周囲にはさまざまな物、物体が存在する。それらはさまざまな観点から分類され得るが、本書が関心を持つのは「生物」と「無生物」である。生物は〝生きもの〟であり、動物や植物のように「生きて活動するもの」である。それに対し無生物は、その名のとおり、「生きていないもの」である。そして、「もの」を「生きて活動」させたり、「生きていない状態」にする決め手が〝生命〟の有無である。つまり、〝生命〟を持っているものが生物であり、持っていないものが無生物ということになる。

　それでは、〝生命〟とは何だろうか。

　国語辞典風に〝生命〟を簡単に説明すれば「生物の活動を支える、根源の力。いのち」（『新明解国語辞典』三省堂）となってしまうのであるが、〝生物の活動〟とは何か、〝根源の力〟とは何か、というように疑問はさらに続いてしまう。

　実は、「生命とは何か」という問いは、古代ギリシャ時代以来、これまでに何度も繰り返されてきた。事実、人類の知性に絶大な影響を及ぼしたアリストテレス*の哲学の支柱は「神は理性であり、理性は生（命）であり、生（命）は活動である」という三位一体であった(1)。

現代科学の巨星の一人である物理学者のシュレーディンガー*と生物学者のホールデーン*は、いずれも一九四〇年代に『生命とは何か』と題する本を書いている。

結局、「生命とは何か」という問いに対する答は、見る場所、観点に依存してしまうのであるが、とりあえず、ここでは「生命」を「物質を組織し、個体を形成し、種《しゅ》を形成していく無限の力であり、どこまでも自己を創造していこうとする目に見えない意志」(2)と考えておきたいと思う。簡単にいえば、「生命」とは「外界から物質やエネルギーを摂取したり放出したりして、成長、自己複製（増殖）する性質を持つもの」である。

そして、生命を持つ物体が生物であるから、この点において、岩石、空気、水などは生物と区別され、無生物あるいは無機物と呼ばれる（ちなみに、この〝機〟

アリストテレス（Aristotelēs）
前三八四―前三二二。ギリシャの哲学者。プラトンの弟子で、論理、自然、社会、芸術などのあらゆる方面の研究を行った。若き日のアレクサンドロス大王の家庭教師を務めた。

シュレーディンガー（Schrödinger, Erwin）
一八八七―一九六一。オーストリアの理論物理学者。「シュレーディンガーの波動方程式」を導き、量子力学の成立に多大の貢献をした。一九三三年にノーベル物理学賞を受賞した。

ホールデーン（Haldane, John Burdon Sanderson）
一八九二―一九六四。イギリスの生理学者、遺伝学者。集団遺伝学の数学的理論を確立した一人で生化学遺伝学・人類遺伝学など遺伝学のほぼ全般にわたって貢献した。

は〝生命〟のことである）。また、アリストテレスが『デ・アニマ』の中で「生（命）あるものとは自ら営養をとり生成し死滅するものの謂《いい》である」(1)と述べるように、〝死滅する〟ということが、生あるもの、すなわち生物の大きな特徴の一つである。

物質と生命

いま、生物あるいは無生物という〝もの〟〝物体〟について述べたのであるが、〝物体〟とは「精神でなく、空間に実在し、具体的な形を持つもの」であり、また「人間（常人）の感覚で、それがわかるような一定の形を成しているもの」である。このような〝物体〟を形成するのが〝物質〟である。例えば、いま目の前に素焼きの壺《つぼ》があるとすれば、一般的には「その壺という〝物体〟は粘土という〝物質〟でできている」といわれる。このように、物体は物質によって形成されているのである。われわれの身体《からだ》も、多種多様な物質で形成されている。

生物も無生物も同じ〝物体〟には違いないが、それらの決定的な違いは、それらが〝生命〟を有するか否《いな》かに起因する、ということをいま述べた。生物であろうが無生物であろうが、それらを形成するのが物質であることには違いがないのだから、物質そのものがそのまま、生命そのものではないことは明らかである。物質はあくまでも生命の〝材料〟なのである。

したがって、物質と生命は明確に区別されなければならないように思われる。

しかし、現実的に、物質がなければ生命が生じ得ないことも事実である。

ここで思い出されるのは、インド哲学の根幹を占める「原因（因）と結果（果）の関係」「属性とその実体（基体）との関係」(3)である。それらをどのように考えるかによって、インド哲学各派が伝統的に二分されている。

原因と結果との関係（因果関係）についていえば、「結果はその発生以前にもすでに原因の中に存在している」とする因中有果論《うかろん》と「結果は発生以前には無である」とする因中無果論《むかろん》に二分される。紀元四〇〇年頃までに整備された、いわゆる「インド六派哲学」を例にとれば、前者の典型がサーンクヤ派であり、後者の典型がヴァイシエーシカ派である。

この因中有果論は、先ほど述べた素焼きの壺を例にして説明するとわかりやすい(4)。

壺は粘土を成形し焼き上げることによって作られるから、粘土は壺の「原因」であり、壺は「結果」である。壺という形に成形される以前の粘土の中に「壺」は存在していないが、その粘土から壺が作られる以上、壺という「結果」の「原因」としての粘土の中に〝壺という結果の仮想〟は潜在的に存在していた、と考えることもできる。このように、「原因」の中に、そのままではないにせよ「結果」が潜在的に存在する、という考え方が因中有果論である。したがって、因中有果論は「無から有は生まれない」という考え方にも通じるものである。

さて、ここで話を物質と生命との関係に戻してみよう。

確かに物質は生命の〝材料〟である。つまり、物質は「原因」であり、生命は一つの「結果」とみなすことができよう。いま述べた粘土と壺との関係の「因中有果論」風に考えれば、物質そのものの中に〝潜在的生命〟(それを原生命と呼ぶことも可能であろう)が宿っている、ともいえるだろう。

とすれば、物質と生命はそれほど明確に区別できるものではないようにも思える。

私の本書執筆の意図は、このような「物質」と「生命」との関わりを考え、物質と生命、物質と精神との間に橋をかけてみたい、ということである。このことは、人間、そして自然(宇宙)を真に理解する端緒となると思われる。そしてさらに、「人間とは何か」を考え、人間が自然(宇宙)と「共生」することが現実的に可能なのかを探ってみたい。

順序として以下の章で「物質」「宇宙」そして「生命」について述べる。しかし、「まえがき」でも触れたように、本書の主目的はそれらを専門的あるいは学術的観点から記述することではなく、あくまでも思想的、哲学的に考察することである。そのため、本書は〝人智《じんち》〟の変遷《へんせん》、歴史にも大いなる関心を持つものである。とはいえ、そのような考察が〝空想的〟なものになることを避けるために、科学的に理解することは必要である。

第一章　物質の根源

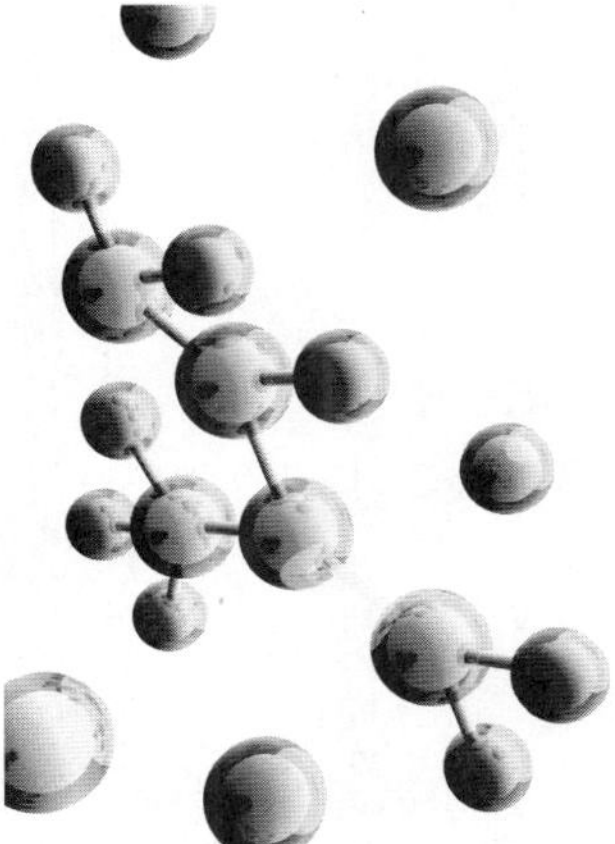

これから「物質」を考えていくのであるが、物理学者の寺田寅彦*は「物質の世界(物質界)」について「吾人《ごじん》の認識する万象の中からあらゆる精神の作用に関するものを取除き、またあらゆる生活現象を捨象し残る所の物は物質界である」(5)と述べている。実は、私は本書のエピローグで、「精神界」と「物質界」とは無縁ではないのではないか、と述べたいと思っているのであるが、当面はそれらを切り離して考えてみたい。

すべての物体を形成する物質の「根源」は、人類がこの地球上に現れた時から現在まで一貫して人類の最も知的な好奇心の対象の一つであり続けている。

以下、人類の「物質の根源」に関する知的考察の足跡を眺めてみたいが、その前に、余談を一つ。

寺田寅彦についてである。

夏目漱石*、寺田寅彦の熱狂的なファンである私は、勝手に、漱石はもとより寺田寅彦の名前ぐらいは日本人なら誰でも知っている、と思っていた。しかし、ある時、現代の若者のほとんどが寺田寅彦のことを知らないことを知って、私は大いなるショッ

寺田寅彦（てらだとらひこ）
一八七八―一九三五。物理学者、文学者。東大教授。地球物理学を専攻。夏目漱石の門下であり、吉村冬彦、藪柑子《やぶこうじ》などの筆名で、多くの随筆・俳句がある。

夏目漱石（なつめそうせき）
一八六七―一九一六。英文学者、小説家。本名は金之助。松山中学、五高の教師を経て、一九〇〇年にイギリスに留学。帰国後、一高・東大で講義を行い、のちに朝日新聞社に入社した。近代日本文学の代表的作家である。

クを受けた。
ともあれ、寺田寅彦は漱石の愛弟子《まなでし》で、『吾輩《わがはい》は猫である』の「水島寒月」、『三四郎』の「野々宮宗八」のモデルとして一般には知られているし、〝実体〟としては数々の素晴しい随筆を遺《のこ》した文学者としても著名である（と私は思っていた）。しかし、寺田寅彦の本職は先述のように物理学者である。それも、並の物理学者ではない。次章で述べる「物質の構造」の解明に計り知れない貢献をした〝X線結晶学〟の分野で、間違いなくノーベル賞級の仕事をした大物理学者なのである。
私は、寺田寅彦の〝本職〟の本はともかく、随筆を一人でも多くの人たち、とりわけ若い人たちに読んで欲しいと思う。そして、自然科学の楽しさ、面白さの一端に触れて欲しいと思う。特に知的好奇心を持つ学生諸君にとっては、学校の勉強に疲れた時、一服の清涼剤になることを保証する。

古代オリエントとギリシャの自然哲学

インダス川から西の地中海にいたるイラン、イラク、シリア、パレスチナ、エジプトを含めた広大な地域に生まれた古代文明世界が〝古代オリエント〟である。古代オリエント地域の人々は農耕を通じて、天文学（暦の作成）、地学・力学（治水、灌漑《かんがい》の土木工事）、金属学・鉱物学（各種器具の製作）、幾何学・代数学（土地の測量）などの〝実学〟を発達させていった。また、農耕に使役する家畜の飼育を通じて、生理学や医学の知識も必然的に増していったのである。このように考えると、農業の〝発明〟がいかに広範な領域の学問（科学と技術）の発達を促したか、改めて驚かされる。人類の文明史における農業の〝発明〟の画期性がよく理解できるだろう(6)。

古代オリエント地域の神官らによって、生活のための〝実学〟に加え、自然現象の解釈や説明も行なわれたが、それらは呪術《じゅじゅつ》的、宗教的な域を出なかった。あれだけ知性溢《あふ》れる古代オリエント人ならば、〝実学〟を〝科学〟へと発展させるのは必然のように思えるのだが、なぜそれが呪術的、宗教的な域に留まってしまったのだろうか。不思議なことである。

単純にいえば、この地域の祭政一致の専制国家形態が、実学から科学への発展を妨げたようである。やはり、その後の幾多の歴史的事実も示しているように、科学の発展には思想の自由が保障されることが不可欠なのだと思われる。

オリエント諸国から多くの技術や知識を吸収し、それらを体系化、理論化し、〝自然哲学〟という形に大成したのは古代ギリシャ人である。この〝哲学〟は、ギリシャ語の〝*philosophía*（英語のphilosophy）〟の訳語で、この語は〝*philo-*（～を愛する）〟と〝*-sophía*（知、技、学）〟の合成語である。つまり「知識、学問を愛すること、愛する行為」という意味になる。

余談ながら、この原語（*philosophía*, philosophy）を「哲学」と訳した（造語した）のは明治初期の啓蒙《けいもう》思想家・西周*である。彼が一八七四年に著した『百一新論』の中で「天道人道ヲ論明シテ、兼テ教ノ方法ヲ立ツルヲヒロソヒー、訳シテ哲学」(7)と「哲学」という言葉が初めて使われた。

閑話休題。

ともあれ、当時の農耕、牧畜生活のことを考えれば、古代オリエント人や古代ギリシャ人の知識や学問の対象が〝自然〟に向けられたのは自然なことだった。

古代ギリシャ以前のオリエントにおいては、不可解な自然現象、あるいは〝自然〟

西周（にしあまね）
一八二九—一八九七。啓蒙思想家、日本最初の西洋哲学者。オランダへ幕府留学生として留学。主観、客観、観念、理性など多くの哲学用語を訳出した。

ターレス（Thalês）
前六二四頃—前五四六頃。ミレトス学派の始祖。アリストテレスによって、「哲学の創始者」とよばれた。

アナクシメネス（Anaximenês）
前五八五頃—前五二八頃。ギリシャのイオニア学派の哲学者。万物の根源を空気と考えた。

ヘラクレイトス（Hêrakleitos）
前五四〇頃—前四七五頃。ギリシャのイオニア学派の哲学者。万物の根源を火と考えた。

そのものが〝神の所為〟と説明されたため、それ以上の〝科学的〟追究は行なわれ得なかった。しかし、古代ギリシャの〝賢人〟たちは、神に〝救い〟を求めることなく、すべての自然現象を物質の結合と分離で説明しようとしたのである。天地の根源を神ではなく、〝自然〟に求める物質的探究の姿勢である。そして、古代ギリシャのこのような自然哲学が科学の源流となった。

元素説

自然哲学は、紀元前六世紀頃、小アジア西海岸のイオニア地方のミレトス（古代ギリシャの植民都市）で始まった。この地方で活躍した、いわゆるイオニア学派の自然哲学者たちは万物の根源（元素）として日常見られる簡単な物質を考えた。例えば、*ターレスは水、*アナクシメネスは空気、*ヘラクレイトスは火、という

アナクサゴラス（Anaxagoras）
前五〇〇頃—前四二八頃。ギリシャのイオニア学派の哲学者。万物の根源を無数の元素の分離・結合によるとし、その原動力に精神を考えた。

エンペドクレス（Empedoklēs）
前五〇〇頃—前四三〇頃。ギリシャのエレア学派の哲学者。万物の根源は土・水・火・空気の四元素からなり、愛・憎によって結合・分離すると考えた。

ように。アナクサゴラス*は万物の根源は空気と火であるが、これらが変化すると水と土になるという〝二元説〟を唱えている。

そして、南イタリア地方で活動した自然哲学者たちの一派であるエレア学派の元素説を総括して、エレア学派のエンペドクレス*は、万物の根源を土、水、空気、火の不変四元素とした。万物は、これらの四元素が結合し、種々の変化が起こった結果であり、分解というのは目には見えないが一つの物質の小分子から分離することによって起こる、と説明したのである。この〝四元素説〟は後にアリストテレスに支持され、実にこれが中世まで大きな影響を及ぼすことになる。エンペドクレスの考え方は、現代の元素論、化学反応論の先駆である。

アトモス論

古代ギリシャの自然哲学者たちの次の課題は、〝元素〟を形成する物質の究極の構造、要素は何か、ということであった。実は、それ以来今日までの二千数百年間、その究明の努力は続けられているのである。

物質を分解していくと究極の微粒子になり、それは最小不可分の要素〝アトモス（*átomos*）〟であるという考え（アトモス論）を最初に提唱したのはエレア学派のレウキッポス*である(8)。

ギリシャ語の〝*átomos*〟は〝*a*‐（～できない）〟という接頭語と〝*tomós*（分割する）〟から成り、ちょうど英語の〝individual〟に相当する。一般に〝*átomos*〟に相当する英語は〝atom〟で、それは「原子」という日本語に訳されているのであるが、後述するように〝アトモス〟はその真意に忠実に「不可分割素」と訳されるべきである。現時点でわれわれは「原子」が「不可分割素」ではないことを知っているからである。そこで私は、本書において「アトモス」と「原子」とを使い分けることにする。そして、私は従来の「原子論」のかわりに「アトモス論」を使うのである。

レウキッポスのアトモス論を継承し、それを発展させたのは、彼の弟子と伝えられる*デモクリトスである。デモクリトスは、ターレスからレウキッポスにいたる元素論、アトモス論を体系化し、アトモス論を次のようにまとめた[8]。

一　世界（宇宙）はアトモスと真空から成り立っている。

二　アトモスはそれ以上分割できない粒子であって、万物の究極の要素である。

三　真空はアトモスが運動できる空間である。

四　万物は無数のアトモスの結合や運動によって作られている。

五　万物の性質の差はアトモスの集合の形と大小の差と位置の変化によって生じる。

このようなデモクリトスのアトモス論を完成させたのは*エピクロスである。

レウキッポス（Leukippos）
生没年不詳。紀元前五世紀ごろのギリシャの哲学者。アトモス論の創始者。その説はデモクリトスによって継承、発展されている。

デモクリトス（Dēmokritos）
前四六〇頃―前三七〇頃。ギリシャの唯物論《ゆいぶつろん》哲学者。万物の成立の原因を原子の結合・分離の運動から説明し（アトモス論）、認識作用、社会生活の説明・評価にも適用させた。

エピクロス（Epikuros）
前三四一頃―前二七〇頃。ギリシャの唯物論哲学者。デモクリトスのアトモス論を基礎とする実践哲学を説いた。

デモクリトスが究極の粒子アトモスに〝大きさ〟と〝形状〟という二つの属性を与えたのに対し、エピクロスはそれに第三の属性として〝重さ〟を加えた。彼は、物体が動くには〝重さ〟の衝突が不可欠であると考えたのである。

エピクロスの哲学は規範、自然学、倫理の三部から成り、その著作は三〇〇巻以上と考えられているが、残念ながらそれらはほとんど遺っていない。しかし、自然学については幸いなことに、古代ローマの哲学詩人・ルクレーティウス*が自然哲学叙事詩ともいうべき大著『自然について（*De Rerum Natura*）』に忠実に書き遺してくれている。これは岩波文庫から『物の本質について』（樋口勝彦訳）として出版されているので、一読をお勧めしたい。およそ二千年前の人類の知性に感動するに違いない。古代ギリシャの自然哲学者らによってまとめられたアトモス論が今日風にいえば科学的根拠に欠けた哲学的物質観であるのは事実であるが、それは二千数百年後の現在の最先端科学の成果に照して考えてみても基本的には完全に正しいのである。

インド哲学のアトモス論

紀元前五世紀頃、古代仏教思想、より一般的にいえばインド哲学においても「物質論」は重要なテーマの一つであった(3)。それは、宗教が扱う〝精神〟に対峙《たいじ》するのが

ルクレーティウス　(Lucrētius, Titus Carus)
前九四頃—前五五頃。ローマの詩人、哲学者。著書『物の本質について』で、デモクリトス、エピクロスのアトモス論を敷衍《ふえん》した。

〝物質〟だからである。

仏教では、物質および精神すべての存在を形成しているのは五要素であると考え、その五要素を五蘊《ごうん》という。つまり、色《しき》（物質、肉体）、受（感受作用）、想（表象作用）、行《ぎょう》（意志、記憶）、識（意識、認識作用）である。そして、色《しき》、つまり物質の根源は「地、水、火、風」の四元素と「空《くう》」と考え、これを五大説と呼ぶ。この場合の「大」とは大きいという意味ではなく〝根源的なもの〟という意味である。

ここに挙げられる四元素は、前述のエンペドクレスの四元素とまったく同じである。これは実に興味深い一致である。しかし、インド哲学の真骨頂は、これら四元素のほかに「空《くう》」を物質の根源の一つに加えている点である。次章でも再び触れることになるが、これはまさしく天才的な卓見である。

仏教についてほとんど何も知らない人でも『般若《はんにゃ》

心経《しんぎょう》』という名前ぐらいは知っているだろう。『般若心経』は、全部で五千巻以上といわれる仏教の「経《きょう》」の中で一般に最もよく知られた経である。『般若心経』は紀元前一〇〇年頃南インドで広まっていた『般若経』（単独の経典ではなく経典群の名前）の核心を説いたもので四～五世紀頃に成立したと考えられている。『般若心経』が最も知られた経である理由の一つは、最も短く、最も簡潔なものであることだ。例えば、*玄奘訳のものでは、この経はわずか二六二文字から成っている。しかし、この〝わずか二六二文字〟は、六〇〇巻にも及ぶといわれる膨大な『般若経』の内容を圧縮したものなので〝簡潔〟ではあるが、その言葉の理解は決して〝簡単〟ではない(9)。

　この簡潔さとともに、『般若心経』を有名にしているのは、その中にある「色《しき》不異空《くう》、空不異色、色即是空、空即是色」という文句である。これを文字通り訳せば「色《しき》は空《くう》に異ならず、空は色に異ならない。色は即《すなわ》ち空であり、空は即ち色である」ということになる。わかったような、わからないような、キツネにつままれたような気分にさせてくれる文句である。

　この場合、「色《しき》」は先ほど述べたように〝物質〟〝形のあるもの〟であり、森羅万象のすべてを指す。「空《くう》」はまさに仏教思想、インド哲学の真髄ともいうべき概念であり(10)、それを理解するのは簡単ではないが、一般的には〝固定した実体のないもの〟と解されている。〝真空〟の〝空〟と考えてもよいだろう。

つまり「色不異空……」は、簡単にいえば「形があるもの（物質）には実体がなく、実体がないものが形があるもの（物質）である」ということである。これは、われわれの日常的な感覚、あるいは常識にいささか反する文句である。しかし、いずれ次章で、物質の構造を知れば、この『般若心経』の言葉が実感として迫ってくるはずだ。

余談ながら、古代の天才的インド人による「空《くう》の思想」は、数学の分野だけにとどまらず科学・技術の発展に決定的な役割を果たした〝ゼロの発見〟と無関係ではないのである。

数学は古代バビロニア、エジプト、ギリシャ人らによって発展させられたのであるが、彼らの記数法（数字）にはゼロ（0）がなかったので、いわゆる「位取り」ができず、まことに不便であった。天才的インド人によってゼロが導入されたことで、初めて位取りによる記数法が成立したのである。つまり、1から9、そして0の十個の数字を用いるだけで、あらゆる数を自由に書き表わし得るのである。例えば〝五十五〟と〝五百五十〟と〝五百五〟をそれぞれ55、550、505と書いて区別するためには、どうしても〝空位〟を表わす〝0〟が必要である。つまり、空位を表わす〝0〟なしに位取り記数法は成り立たないのである。

この〝空位（0）〟の導入こそインド記数法の真髄であり、インド記数法こそ唯一《ゆいいつ》の「計算数字」であり、また唯一のすぐれた「記録数字」でもある(11)。

記数法における〝空位（0）〟の発見は単に数字としての一記号の発明にとどまらず、何もないゼロという数の認識、ひいては〝ゼロ（0）〟という〝数〟を用いて行なう計算法の発明をも導いている。現在の科学、技術、そして工学の発展は〝数〟〝数学〟なくしてはあり得ないことは誰の目にも明らかであろう。そういう意味で、インド記数法なくして、つまり、〝ゼロの発見〟なくして今日の科学・技術文明はあり得なかった、といっても決して過言とは思われない。

〝ゼロの発見〟が、あれだけ数学に長《た》けた古代バビロニア人、エジプト人、あるいはギリシャ人でなく、なぜインド人によってなされたのだろうか。それは、先述のように、インド哲学に脈々と流れている「空《くう》の思想」と無関係であることはあり得ないのである。

閑話休題。

ともあれ、インド哲学の「五大説」はエピクロスが完成させた古代ギリシャの哲学的アトモス論と興味深い一致を示している。

さらに、インドの代表的学僧・ヴァスバンドゥ*（漢訳名は世親）が著した『阿毘達《あびだつ》

玄奘（げんじょう）
六〇〇―六六四。唐代の僧。仏教の経典を求めてインドへ壮大な旅をし、帰国後『大般若経』など多数の仏典を翻訳。三蔵法師。

ヴァスバンドゥ（Vasubandhu）
三二〇頃―四〇〇頃。漢訳名、世親。唯識仏教を唱えた北西インドの僧。主著に『倶舎論』がある。

磨倶舎論《まくしゃろん》』（以下『倶舎論』と略記）の中ではっきりと〝アトモス論〟を展開している。つまり、すべての物質（色《しき》）を究極まで分解していくと物質の極小単位である「極微《ごくみ》」に到達する、というのである。この「極微」はサンスクリット語の〝パラマヌ（*paramāṇu*）〟の漢訳で原語の意味は「極限の微粒子」すなわちアトモスである。

ついでに述べておけば、『倶舎論』では、〝時間〟についても極小単位を考えており、それを「刹那《せつな》（原語は *kṣaṇa*）」という。いわば刹那は〝時間のアトモス〟である。

ちなみに「刹那」は現代の日常語では「一瞬」の意味であり、「刹那主義」は「過去や将来のことを深く考えず、いまの瞬間を充実させて生きようとする考え方」のことである。

近代科学の形成

すべての物質がアトモス（不可分割素）と空隙《くうげき》から成る、という〝哲学〟は二五〇〇年ほど前に確立されたが、それが科学的に実証されるのは近年になってからのことである。

その発端は、一七世紀になり、ヨーロッパにおいて*ガリレイや*ニュートンら〝近代科学の父〟によって〝近代力学〟が大成されたことである。それは人類史の中のいくつかの〝画期〟の一つとして挙げられるほど革命的な近代科学の形成を意味する(6)。この近代科学から必然的に生み出される〝近代技術〟をも含み、*ヤスパースは「真に新なもの、根本からして全然別個なもの、……それどころかギリシャ人さえ知らなかったものといえば、ひとり近代ヨーロッパの科学と技術あるのみである」「とにかく一七世紀以降、ヨーロッ

ガリレイ（Galilei, Galileo）
一五六四―一六四二。イタリアの物理学者、天文学者、哲学者。物体運動論を研究し、「慣性の法則」「落体の法則」などを発見した。近代科学の父とよばれ、科学の方法論の端緒を開いた。

ニュートン（Newton, Isaac）
一六四二―一七二七。イギリスの物理学者、天文学者、数学者。光の分散、「万有引力の法則」などを発見し、力学体系を確立した。主著に『プリンキピア（自然哲学の数学的原理）』がある。

ヤスパース（Jaspers, Karl）
一八八三―一九六九。ドイツの哲学者、精神医学者。著書『世界観の心理学』で世界観の類型論を提唱し、ついで実存哲学の代表者の一人となる。

パをあらゆる他の文化とは違ったものとしたのは、この科学なのである」⑿とまでいっている。

このような近代科学の推進力となったのが、ベーコン*の「自然支配の理念」⒀とデカルト*の「機械論的自然観」⒁であった。

ベーコンは、二千数百年の間、西欧を支配していた〝自然哲学〟を土台にした学問に代わるべき新しい学問を打ち立てようとした哲学者であり、また科学者でもある。近代科学の出発点といわれる実証主義思想はベーコンに発しているのである。ベーコンは、まず資料を集め、それを整理、分類した上で、実験と観察に基づく帰納的方法を重視した。そして、人間を自然から切り離して客観化し、人間による自然支配の方法を確立することを目的とした。

ターレスからアリストテレス、エピクロス以来の〝哲学的自然観〟を、自然が力学の法則に従う〝機械〟

ベーコン (Bacon, Francis)
一五六一—一六二六。イギリスの哲学者、政治家。経験主義の立場から、スコラ哲学に反対し、真の知識は実験と事実からの帰納によってのみ得られるとした（帰納法）。この帰納法により、自然を正しく認識し、自然支配の方法の確立を目指した。

デカルト (Descartes, René)
一五九六—一六五〇。フランスの哲学者。一切の先入観を除いて、「明晰《めいせき》判明」を真理の基準とする方法をとり、「考える自己」を見出《みいだ》した。さらに、そこから思惟《しい》をその属性とする精神、延長をその属性とする物体とを相互に独立な実体とする物心二元論を展開した。

とみなす〝機械論的自然観〟へと転換させたのは、この〝近代科学〟である。

近代アトモス論

機械論的自然観に基づき、物質に関する知識を最初に体系化したのはボイル*である。ボイルはイギリスにおける化学の先駆者で、科学の研究は観察と実験が基礎であることを強調した。

ボイルは、形や大きさの異なるアトモスがいくつかあり、これらが集まって作られる物質が元素であり、すべての物質はこれらの元素のさまざまな配合によって生じる、と説いた。そして、ギリシャ自然哲学以来の四元素説を否定し、多数の元素の発見の可能性を示唆《しさ》したのである。新しい、科学的な物質研究の道はボイルによって開かれたといってよいだろう。

事実、一八世紀後半以降、二酸化炭素、水素、窒素、塩素、酸素といった新しい気体が次々に発見された。これを機に、化学的、物理的実験が盛んに行なわれるようになり、一八世紀末までに約二五種、一九世紀半ばまでに約六〇種の元素が発見された。こうして、多くの物質の性質、成分、そして変化が明らかにされていったのである。

ボイルに端を発し、一八世紀末から一九世紀初頭にかけて、ラヴォアジェ*、ドルト*

ンによって科学的アトモス論（近代アトモス論）の基礎が築かれることになる。

ドルトンが一八〇八年にまとめた近代アトモス論は次のように要約される⒂。

一　元素を構成する究極の粒子（アトモス）は原子（アトム）である。

二　すべての元素は、その元素に固有な一定の質量を持った原子からできている。

三　同じ元素のすべての原子は同一の大きさと質量を持っている。

四　化合物は、その成分元素のすべての原子によって構成される。

五　その成分元素の原子の種類や数（割合）は化合物によって常に一定であり、その割合は整数である。

ボイル（Boyle, Robert）

一六二七―一六九一。イギリスの物理学者、化学者。「ボイルの法則」を発見した。著書『懐疑的化学者』の中で、化学元素の定義を明確にした。

ラヴォアジェ（Lavoisier, Antoine Laurent）

一七四三―一七九四。フランスの化学者。フロギストン説の誤りを指摘し、正しい燃焼理論を確立した。さらに、化学的命名法を体系化させ、「質量不変（保存）の法則」を発見するなど、近代化学の出発点をうちたてた。

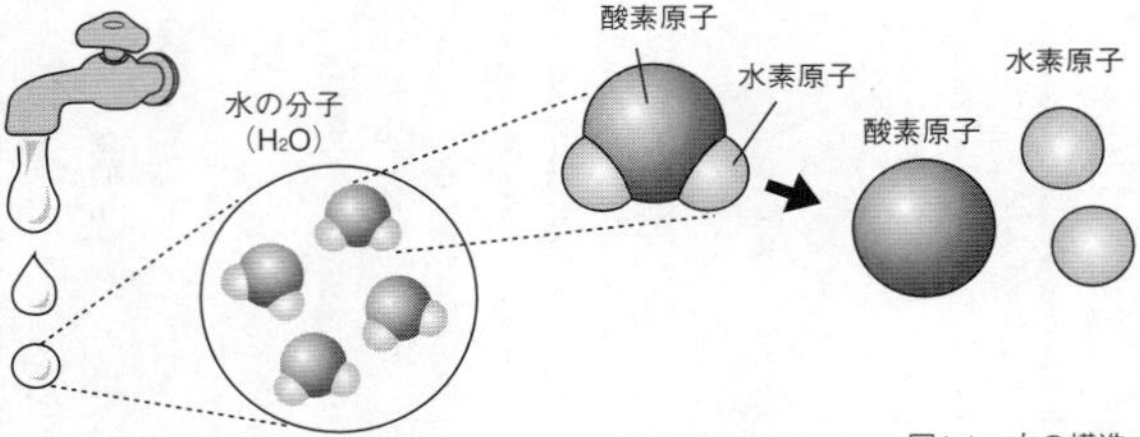

図1.1　水の構造
（志村史夫『いやでも物理が面白くなる』講談社ブルーバックス、2001より）

ここにいたり、物質を形成する究極の粒子（アトモス）は〝原子〟と呼ばれるものであり、物質はさまざまな原子によって構成されているということになったのである。

　このことを、われわれにとって最も身近な物質の一つである水について、図1・1で考えてみよう。

　水道の蛇口を小さく絞っていくと、勢いよく流れていた液体の流束としての水は一粒一粒の水滴になる。実は、この水滴は、水という〝化合物〟の集まりで、その化合物の構成単位は複数の原子から成る〝分子〟と呼ばれるものである。そして、水の分子は一個の酸素原子と二個の水素原子から成っているのである。

　余談ながら、日本の真言宗の開祖・空海*は真言密教の世界観を述べた『吽字義《うんじぎ》』の中で「激しく降る雨は、ちょっと目には、一つの水流のように見えるが、本当は一粒ずつの水滴の集まりである」と述べている(16)。

ドルトン（Dalton, John）
一七六六―一八四四。イギリスの物理学者、化学者。化学へ原子量の概念を導入して、科学的アトモス論の基礎を築き、それから「倍数比例の法則」を導き出した。近代原子説の祖。他に「ドルトンの法則（気体分圧の法則）」なども発見した。

空海（くうかい）
七七四―八三五。平安前期、真言宗の開祖。一八歳で高級官僚養成のための大学へ入るが、まもなく退学して仏門に入り四国で山林修行をはじめた。八一六年に高野山に金剛峯寺《こんごうぶじ》を開創した。また、身分の高低を問わない学校として、綜芸《しゅげい》種智《しゅち》院《いん》を設立した。

閑話休題。水という物質は、酸素と水素の二種類の原子から成る化合物であるが、もちろん、一種類の原子から成る物質も少なくない。

例えばダイヤモンドという物質は、分子という構造を経ない炭素原子の集合によって形成されている。

いずれにせよ、すべての物質は原子から成り、この原子が究極の粒子である〝アトモス〟と考えられた。そのため、ギリシャ語の〝*átomos*〟は英語では〝atom〟となり、それが「原子」と訳された次第である。

となると、今度は、その「原子」は何からできているのか、「原子」の構造はどうなっているのか、その「原子」によって物質はどのように形成されるのか、という当然の疑問が湧《わ》いてくる。

つまり、まずは「原子」の構造を理解しない限り、物質の構造を本当に理解することはできないのである。

次章で「物質の構造」を探究することにしよう。

第一章のまとめ

●古代の自然哲学によれば、物質を究極まで分解すると、最小不可分の微粒子（不可分割素、アトモス）になる。

●古代の自然哲学によれば、すべての物質は不可分割素と空隙から成る。

●近代科学によれば、物質はさまざまな元素によって構成され、すべての元素は、その元素に固有の一定の質量を持った不可分割素である原子（アトム）からできている。

●同じ元素のすべての原子は同一の大きさと質量を持っている。

第二章　物質の構造

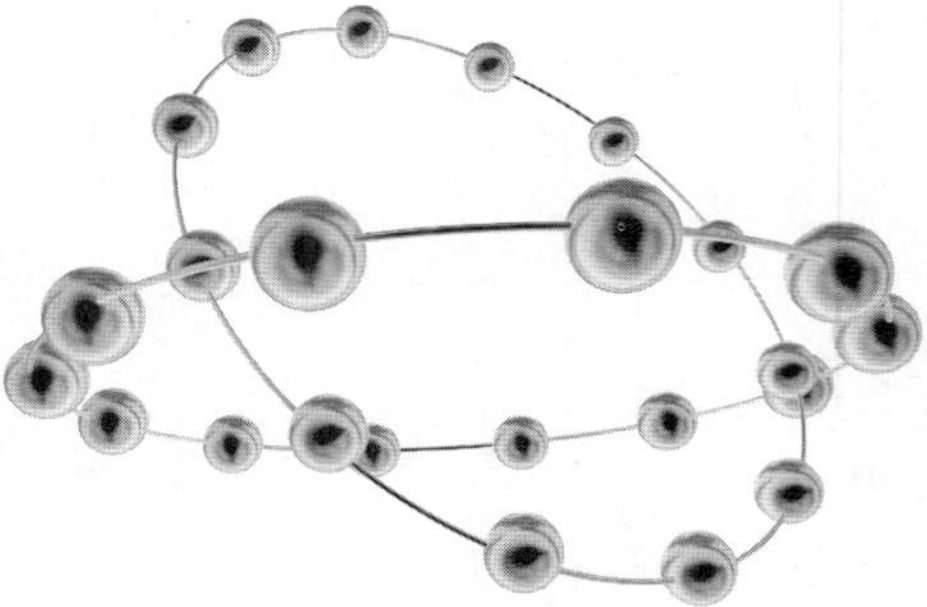

　この地球上に文明が発生して以来、哲学者、自然科学者、あるいは宗教家たちは、物質の究極の構造、要素について考え、その究明に努力してきた。この二千数百年にも及ぶ先人たちの努力によって、物質の構造は徐々に明らかになってはいるが、今日でも完全に解明されているわけではない。究極的なゴールに向け、科学・技術先進国では素粒子[*]加速器といった大がかりな高エネルギー物理実験装置などを用いて不断の研究が続けられている。

　すべての物質が究極の不可分割素〝アトモス〟からできている、という古代ギリシャのエピクロスらによって大成された「アトモス論」は基本的には依然として完全に正しい。前章で、その〝アトモス〟が原子であることを述べた（図1・1）。つまり、「すべての物質は原子からできている」のである。

　そこで、次に生じる当然の疑問は、前章末でも提示したように、その「原子」は何からできているのか、その「原子」によって物質はどのように形成されるのか、ということである。

　以下、本章では、二一世紀初頭におけるわれわれの理解に基づいて、これらの疑問に答えたいと思う。それは、いずれ、本書の主要なテーマである物質と生命との関係の理解につながることになる。

原子とアトモス

一八世紀末から一九世紀初頭にかけてのラヴォアジエやドルトンらの〝科学的実験〟によって「近代アトモス論」が確立されたのであるが、そのアトモスである「原子」の構造の理解が急速に進んだのは、レントゲン*がX線を発見した一八九五年以降のことである。X線は発見者の名前からレントゲン線とも呼ばれ、一般的には定期健康診断時の「X線（レントゲン）撮影」でなじみ深いものであるが、波長の短い電磁波（電波、赤外線、可視光、紫外線などの総称）の一種である。現在、X線は、われわれになじみ深い医療・医学分野だけではなく、物理学をはじめとする広範な

加速器
陽子、電子、原子核などを磁場や電場によって加速し、高エネルギーの粒子や原子核を作りだす装置。

レントゲン（Röntgen, Wilhelm Konrad）
一八四五―一九二三。ドイツの物理学者。一八九五年にX線を発見した。他に毛細管現象などの研究を行った。一九〇一年、最初のノーベル物理学賞を受賞した。

ベクレル（Becquerel, Antoine Henri）
一八五二―一九〇八。フランスの物理学者。一八九六年にウラン鉱のウラン塩から放出するベクレル線を発見した。一九〇三年にノーベル物理学賞を受賞した。

P・キュリー（Curie, Pierre）
一八五九―一九〇六。フランスの物理学者。妻のマリーとともに、ラジウム、ポロニウムを発見した。また、磁性に関する「キュリーの法則」を発見した。一九〇三年、妻のマリーとともにノーベル物理学賞を受賞した。

M・キュリー（Curie, Marie）
一八六七―一九三四。フランスの物理学者、化学者。夫の死後、金属ラジウムの分離に成功した。一九〇三年、夫とともにノーベル物理学賞、一一年に化学賞を受賞した。

J・J・トムソン（Thomson, Joseph John）
一八五六―一九四〇。イギリスの物理学者。気体の電気伝導の機構、電子の存在の確立、原子模型、陽極線の研究を行い、原子物理学の端緒をひらいた。一九〇六年にノーベル物理学賞を受賞した。

自然科学、工業などの分野で重要な役割を果たしており、人類にとって最も有用な道具の一つになっている。

このX線の発見が契機になって、ベクレル*による放射能、P・キュリー*、M・キュリー*夫妻による放射性元素ラジウム、さらにJ・J・トムソン*による電子の発見が続いた。これらの発見を土台にして原子構造の解明が進み、二〇世紀初頭には図2・1に示すような〝近代原子モデル〟が提案された。

いずれのモデルにも共通する極めて重要なことは、負（−）電荷を持つ電子の存在を不可欠にしたこと、一個の原子は全体としては電気的に中性なので電子の負電荷を打ち消す正（+）電荷の〝担《にな》い手〟を想定したことである。

長岡半太郎*とトムソンのモデルは〝近代原子モデル〟の先駆けであったが、誰もが学校で一度は習ったことがあるであろう、太陽系の太陽と惑星群を連想さ

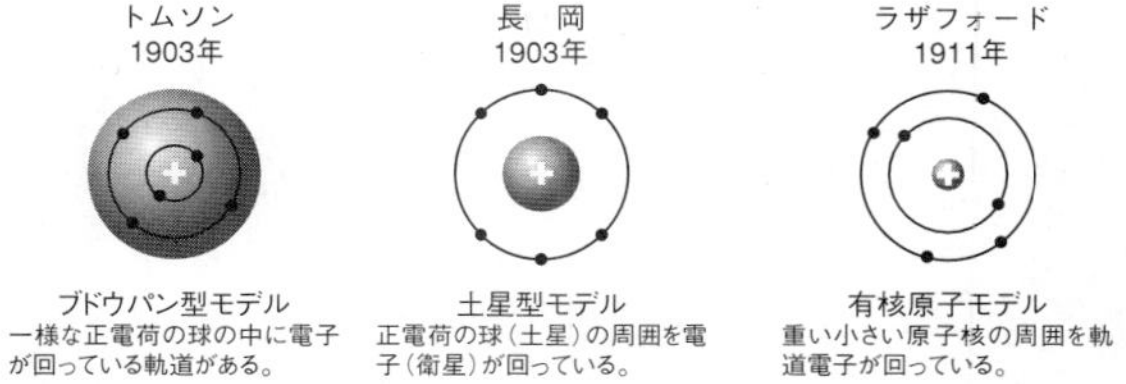

一様な正電荷の球の中に電子が回っている軌道がある。

正電荷の球（土星）の周囲を電子（衛星）が回っている。

重い小さい原子核の周囲を軌道電子が回っている。

図2.1　近代原子モデル

せる画期的な〝有核原子モデル（惑星モデル）〟を考えたのはラザフォード*である。これは、原子の中心には正電荷の重い核（原子核）が存在し、その周囲の円軌道を負電荷の電子が周回している、というものである。

つまり、アトモス（不可分割素）だと思っていた原子は、実はアトモスではなく、原子は原子核と電子という二種のアトモスから成るものであった。

余談ながら、レントゲンによってX線が発見されてから一〇〇年目にあたる一九九五年にはレントゲンの母国ドイツをはじめとする各地で記念行事が催された。また、特集記事を組んだ科学雑誌も少なくなかった。X線の発見が二〇世紀の科学と技術の発展に果した役割は計り知れないのである。その大きさは、今日までにノーベル賞を与えられた研究の中で直接「X線」が冠せられるものが一〇件を数えることからも明らかで

長岡半太郎（ながおかはんたろう）
一八六五―一九五〇。物理学者。東大教授。実験・理論物理学の指導的創始者であり、ラザフォードの原子モデルに先だつ土星型の原子モデルを発表した。

ラザフォード（Rutherford, Ernest）
一八七一―一九三七。イギリスの化学者、物理学者。放射能および原子核を実験的に研究し、原子の現代的概念を確立した。原子核物理学の父とよばれる。一九〇八年にノーベル化学賞を受賞した。

あろう。
　ところで、そのノーベル賞が制定されたのは二〇世紀の初年、つまり一九〇一年のことだが、X線の発見者・レントゲンが最初の物理学賞受賞者に選ばれている。現時点で考えれば、それはあまりにも当然のことに思えるが、一九〇一年といえばX線の発見から六年しか経ていないのである。その当時、X線発見の波及効果の大きさは知る由《よし》もなかったはずであるが、その計り知れない重要性を早々に認めたノーベル賞選考委員の見識にも、私は深甚《しんじん》なる敬意を表したいと思う。

原子の構造

　さて、いままで述べてきた範囲でのアトモス（不可分割素）は原子核と電子なのであるが、さらに、それらの構造はどうなっているのであろうか。いずれにせよ、この種の疑問は果てしなく続かざるを得ず、結局、

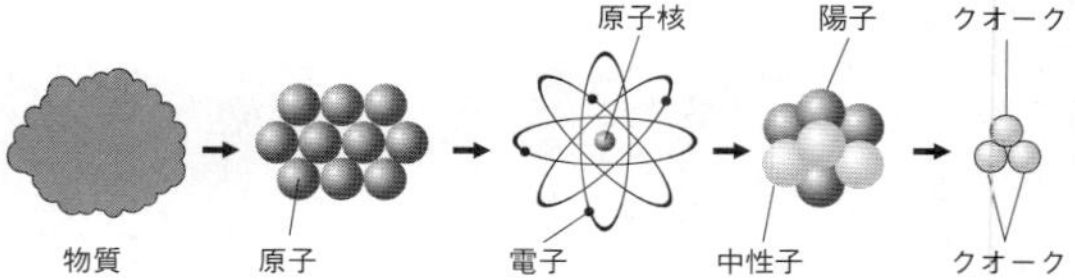

図2.2　物質の構造

物質ひいては宇宙の起源にまで話はさかのぼることになる。

物質の根源を解明する努力は現在でも続けられており、かなりゴールに近づいているという感じはあるものの究極的な結論にはいたっていない。そこで、現時点において、われわれが理解する原子の構造を図2・2に基づいて説明する。とりあえず、本書の目的のためには、それで十分であろう。

物質を形成するのは原子である。原子は原子核とそれを「周回」する電子とで構成されている。原子核は陽子と中性子で構成され（水素原子の場合は例外的に陽子のみ）、それらを結合させる仲介役が中間子（図2・2では図示していない）である。そして、クオークと呼ばれる六種類の基本粒子のうちの三個で陽子と中性子が、二個で中間子が形成されている。これらのクオークを〝強い力〟で結び付けるのがグルオンと呼ばれる粒子（図示していない）である。

つまり、二一世紀初頭の時点において、物質の究極の不可分割素・アトモスはクオークとも考えられるが、今後さらに新たなアトモスが発見される可能性がないわけではない。現在、究極のアトモスとして、私が最も魅力的に思うのは、10^{-33}センチメートルという極限小の長さ（プランク長さ）の〝量子ひも〟[17]であるが、それは、そのあまりの小ささのために〝発見〟されることはないであろう。究極のアトモスを追究し、その性質、起源を探究するのが素粒子物理学と呼ばれる学問領域である。究極のアトモスを探究することは、当然のことながら、宇宙の起源を探究することでもある。

宇宙の起源論については次章で簡単に触れることにする。

さて、図2・2は、われわれが現時点で理解する「物質の構造」をとてもわかりやすく説明するものではあるが、実は、そこに描かれる「原子の構造」はあくまでも便宜的なものであり、本当は正しくない。

先述のように、また図2・2に描かれるように、一般に「原子は、中心に位置する原子核と、その周囲の軌道を回る電子から成り立っている」と説明される。そして、その様子を、太陽を中心にして、その周囲の一定の軌道を惑星が回っている太陽系の姿を思い浮かべながら理解するのである。このような原子モデル（「古典物理学的原

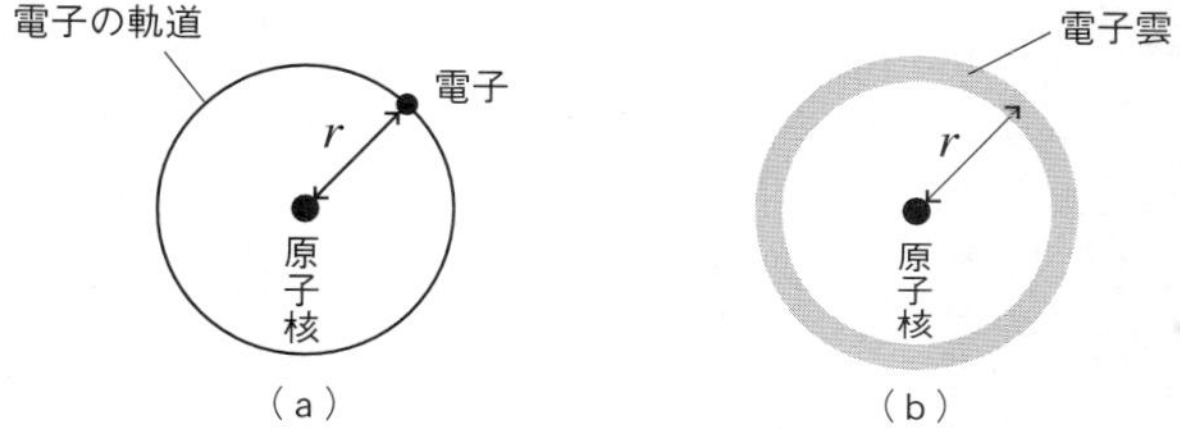

図2.3　電子の存在状態　(a) 古典物理学　(b) 量子物理学

子モデル」と呼ばれる）は、原子そのものや後述する原子間の結合の基礎概念や物質の微視的構造の概略を理解するには有効であり、まことに好都合なのだが、本当は正しくない。

原子の〝本当の姿〟を説明するのが、量子物理学と呼ばれる、古典物理学に対する〝現代物理学〟である。もちろん、古典物理学も現代物理学も自然の事象を説明するものであり、互いに矛盾するわけではない。量子物理学は古典物理学では説明できない現象をも説明できる。つまり、古典物理学は量子物理学に包含されるものと考えればよい。

本書の目的、また紙幅のことを考え、量子物理学については深入りしないが、電子の存在状態について簡単に触れておきたい。

原子内に存在する電子の数は後述するように元素によって異なるが、電子を一個だけ持つ最も単純な原子

(水素原子)について述べる。

図2・3(a)はいままで述べてきた古典物理学で説明される電子の存在状態(位置)を描くもので、原子核を中心として電子は半径rの軌道上を周回している。つまり、電子は半径rの円周上のどこかに必ず存在するのである。だから、電子の軌道は線(円)で表わされる。

一方、量子物理学が明らかにしたところによれば、電子の存在位置をはっきりと定めることができないのである。したがって、電子の存在位置を(a)のように線(円)で表わすことができない。電子の存在位置はある種の確率分布でしか示せないのである。それをあえて図示しようとすれば、図2・3(b)のように〝雲のようなもの〟(これを電子雲と呼ぶ)としてしか描けない。しかし、電子の〝存在確率〟はデタラメというわけではなく、(a)で示す原子と同じ原子であれば、電子が最も高い確率で存在しそうな場所はやはり半径rの近辺ということになる(ちなみに〝電子雲〟は三次元空間に拡《ひろ》がるので(b)はボールの皮のような〝電子雲〟の中心を含む〝輪切り〟を表わしている)。

図2・3(b)に示すように、電子の〝軌道〟は〝線〟で表わされるようなはっきりしたものではないが、そのことを知った上で、(a)のように描いても、本書の内容を理解

する上ではまったく問題ないのである。

なお、量子物理学についてさらに詳しく知りたいと思う読者は、拙著『したしむ量子論』（朝倉書店、一九九九）などを読んでいただきたい。

原子の質量と大きさ

われわれは、日常的には、物体の〝重さ〟について例えば「私の体重は六〇キログラムだ」などというが、これは本当は正しくない。〝キログラム（kg）〟というのはあくまでも〝物質の量〟である〝質量〟の単位であって〝重さ〟の単位（例えば〝キログラム重〟）ではない。〝重さ〟は質量に重力加速度（g）を乗じた量（重量）なので、〝重さ〟は場所によって変化する（重力が場所によって変化するから）。一方の〝質量〟は物体あるいは物質が持っている本来の特性なので場所によって変化することがない。したがって、物理の世界では〝重さ〟の代りに〝質量〟を問題にすることが多いのであるが、以下の説明では〝重さ〟と〝質量〟は同じものではない、ということを理解した上で、〝質量〟を〝重さ（のようなもの）〟と考えていただいても構わない（ちなみに、〝質量〟をmとすればその〝重さ〟はmgである）。

さて、原子（図2・2）を構成する電子、陽子、中性子の質量は、

電　子　9.1×10^{-31} kg
陽　子　1.7×10^{-27} kg
中性子　1.7×10^{-27} kg

である。

　このように質量を指数を使って表わしてしまうと、その軽さの実感が薄れるが、例えば電子の質量は、およそ、

0.000000000000000000000000000000１ kg

である。

　原子自体、想像を絶する軽さなのだが、電子、陽子、中性子の質量を見ると、原子全体の質量のほとんどが原子核（陽子、中性子）の質量であり、電子の質量は無視できるほどのものであることがわかるだろう。

　ついでに、これらの粒子の電気的性質について簡単に触れておく。

　図2・1で示したように、原子核は正（＋）の電荷、電子は負（－）の電荷を持ち、原子全体としては電気的中性が保たれているのであるが、一個の電子はマイナス1の

電荷、一個の陽子はプラス1の電荷を持っていると理解しておいていただきたい。中性子はその名の通り、電荷を持っていない。したがって原子全体が電気的に中性であるということは、一個の原子の中に含まれる電子と陽子の数が等しいということである。このことは、物質の構造や性質を理解する上で、極めて重要である。

次に、それぞれの大きさについて述べる。

近年、電子顕微鏡などの観測機器、観測技術の進歩によって〝極微《きょくび》〟である原子の姿が直接〝見える〟ようになっている。

原子は直径が一〇〇億分の一メートル（10^{-10}m＝0.0000000001m）ほどの〝粒〟である。われわれの日常感覚からすれば、一メートルの一〇〇億分の一という大きさは想像が不可能なほど小さい。例えば、直径一〇センチメートルほどのリンゴを地球の大きさほどに拡大した時、原子の大きさはやっと一センチメートルほどになるのである。

それでは、原子の中心に位置する原子核の大きさはどれくらいだろうか。

原子核は原子より四桁《けた》ほど小さく、10^{-14}m（一〇〇兆分の一メートル）ほどの大きさと考えられている。原子核を構成する陽子や中性子は、さらに一桁小さい10^{-15}mほどである。

原子核の周囲を回る（これは図2・3で述べたように〝古典物理学的表現〟である）電子は静止状態では存在できないので、その大きさを正確に知るのは容易ではないが、直径は陽子や中性子と同程度の10^{-15}mと推定されている。

つまり、仮に、原子核の大きさを一センチメートルとすれば、電子は一ミリメートルであり、原子の大きさは一〇〇メートルになる。

ここで、直径一〇〇メートルのピンポン玉を思い浮かべて欲しい。

このピンポン玉の中央に直径一センチメートルの玉がある（浮いている）。この玉が〝原子核〟である。そして、直径一ミリメートルの小さな粒がピンポン玉を形成する外殻の中を周回している。この小さな粒が〝電子〟である。ピンポン玉（原子）の中のほとんどは、何もない〝空間（真空）〟なのである。

このような〝原子〟の実体を考えれば、記憶力のよい読者は、32ページで述べた『般若心経《はんにゃしんぎょう》』の文句、「色《しき》不異空《くう》、空不異色、色即是空、空即是色」を思い起こすのではないだろうか。

図2・2に示したように、物質（〝色《しき》〟）は原子によって形成されているが、その構成要素の原子のほとんどの部分は何もない〝真空〟なのである。したがって、物質そのもののほとんどの部分も何もない〝真空〟ということになる。まさしく「色不異空」

「空不異色」というわけである。

元素

われわれの周囲にも、地球上にも、宇宙にも無数の物質が存在するが、それらの構成要素（原料）はわずか一〇〇種類ほどの元素（種類の異なる原子）である。ギリシャ自然哲学における〝四元素〟あるいはインド哲学における〝五元素〟と比べれば〝一〇〇〟という数は大きいかも知れないが、無数の異なる物質の構成要素の数としては〝わずか〟というべきであろう。

それは、およそ二千年前にルクレーティウス（31ページ参照）が「多くのものには幾多共通なる物質があることは、丁度われわれの言葉に［幾多共通な］『あるはべっと《エレメンタ》』があるのをわれわれが見るのと同様」[18]と述べているように、例えば、英語で〝わずか〟二六文字のアルファベットから無数の単語、そして無限の文章が作られるのと似ている。

現在まで、天然に存在する九二種の元素のほかに加速器を用いて生成された人工元素を加え、合計一一〇種の元素が公認されている。

原子核の数は、どの元素でも同じで一個だが、電子の数（電子と陽子は同数だから結果的に陽子の数も）が〝原子の種類〟によって異なるのである。

つまり、原子の種類（元素）、そして結果的に、その性質は、その原子が有する電子の数で決まることになる。換言すれば、電子を一個（陽子を一個）持つ元素が水素であり、二個持つ元素がヘリウム、というように、順次、一一〇個の電子を持つ人工元素まで、それぞれが命名されているのである。そして、この電子の数（電子は場合によっては〝飛び出して〟原子の電気的中性が破られ、イオンに変化することもあるので、正しくは〝陽子の数〟）をそのまま原子番号と名づけ、一番元素・水素、二番元素・ヘリウム……などと呼ばれる。

ちなみに、われわれになじみ深い炭素、窒素、酸素の原子番号はそれぞれ六、七、八である。

念のために書き添えておくが、元素によって、それが有する電子、陽子、中性子の数は異なるが、それぞれは、元素の種類によらず、まったく同じものである。電子や陽子の種類が異なるわけではない。数だけが異なるのである。

このように、電子の数が異なるだけで（同時に陽子の数も異なるのだが）、まったく別の性質を持つ元素になってしまうのは、考えてみれば実に不思議なことに思える。例えば、電子一個を持つ水素と電子二個を持つヘリウムとは互いに性質がまったく異なる元素なのである。

しかし、面白いことに、元素を原子番号（陽子の数）順に並べていくと、元素の性質が原子番号とともに周期的に変化するという法則（周期律と呼ばれる）がある。これを表にしたものが元素の周期表であるが、さまざまな元素は性質が似た一八ぐらいのグループ（族）にくくられるのである。そして、それらのグループは結局、電子の配置のされ方によってわけられていることに気づくのである。

つまり、再度強調すれば、元素の性質は電子の数（陽子の数）と電子の配置のされ方によって決定する。

各元素の電子の配置のされ方については、次項以降で詳しく触れることにする。

電子の配置と軌道

すでに何度も述べたように、すべての物質を形成するのは原子であり、原子は、大まかにいえば、中心に位置する原子核とそれを周回する電子から成っている。その電子の数は原子の種類（元素）によって異なり、二一世紀初頭の現時点において、一個から一一〇個の電子を持つ一一〇種の元素が認められているわけである（〝発見〟されている元素としては、命名されていないものも含めて全部で一一八種）。

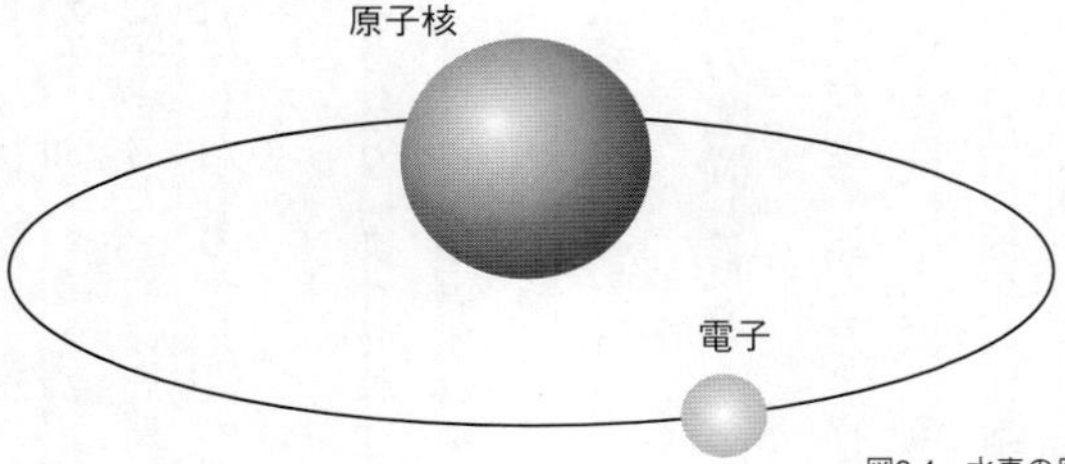

図2.4　水素の原子模型

しかし、これらの電子はそれぞれ勝手な位置に存在しているわけではない。電子はきちんと決められた場所（軌道）にしかいられないのである。これは、太陽を周回する惑星の軌道がきちんと決まっていることに似ている。

図2・4は一番元素・水素の原子模型を示す（ただし、原子核と電子の相対的大きさや位置に深い意味はない）。すでに述べたように、水素原子は一個の電子を持ち、それが原子核を中心とする定まった軌道上を周回している。その電子の周回半径は〝一定〟（図2・3およびその説明参照）であり、勝手な場所に移動することは許されないのである。

電子を一個しか持たない水素原子の場合は話が簡単であるが、複数の電子を持つ原子の場合はどのようになるのだろうか。

例えば、エレクトロニクス文明の基盤物質であるシ

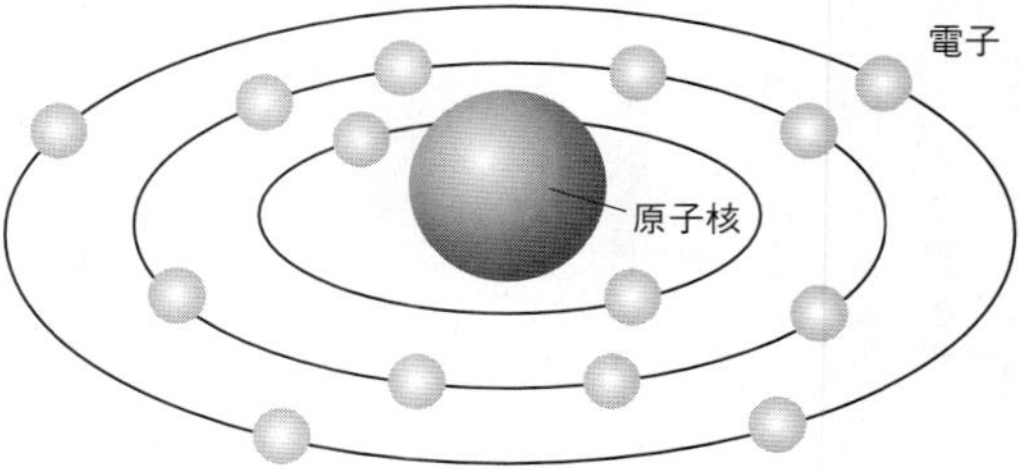

図2.5 シリコンの原子模型

リコン（ケイ素）について考えてみよう。

シリコンは一四番元素で一四個の電子を持っている。これら一四個の電子は同じ軌道上を回っているのではなく、図2・5に示すように、原子核に近い方から順に、第一軌道に二個、第二軌道に八個、第三軌道に四個乗っている。これは、それぞれの軌道に、全元素に共通の〝定員数〟というものがあり、定員数以上の電子はその軌道に入れないからである。この〝定員数遵守《じゅんしゅ》〟のルールは極めて厳格である。

原子の世界のこのような〝定員数遵守〟の姿勢は、〝定員数〟というものが極めてあいまいな人間社会と大いに異なるものである。もし、無秩序に、電子を軌道の中に押し込めたとすると、大混乱が起こり、世の中は目茶苦茶になってしまうに違いない（世の中のすべての物は原子の集まりだから）。われわれが日々平穏に暮していられるのも、電子の厳格な〝定員数遵守〟の姿勢のおかげなのである。

原則的に、電子は内側の軌道から順に定員数を満たした後に外側の軌道に入っていく。電子数とともに、電子配置は各元素固有のものであり、特に一番外側の軌道の電子配置が元素（原子）の諸性質を決定的に左右することになる。

ここで、本書全体の〝思想〟を理解する上で極めて重要なことを述べておきたい。それは、内側の軌道が定員電子で満たされた上に、一番外側の軌道が定員数ちょうどの電子で満たされた時、原子は〝安定〟になる、ということである。

原子の結合

すべての物質は原子からできているのであるが、物質が形成されるためには、それらの原子が結合しなければならない。ブロックや材木だけあっても、それらが組み合わされなければ建物や構造物にならないのと同じ理屈である。

原子同士はどのように結合し、物質を形成するのだろうか。

原子は図2・6に模式的に描く〝手〟のようなものを持っており、その〝手〟を使って、図2・7に示すように、互いに〝握手〟することで結合するのだ、と考えればよい。この〝手〟にもさまざまな種類があり、その〝握力〟（結合の強さ）も異なる。

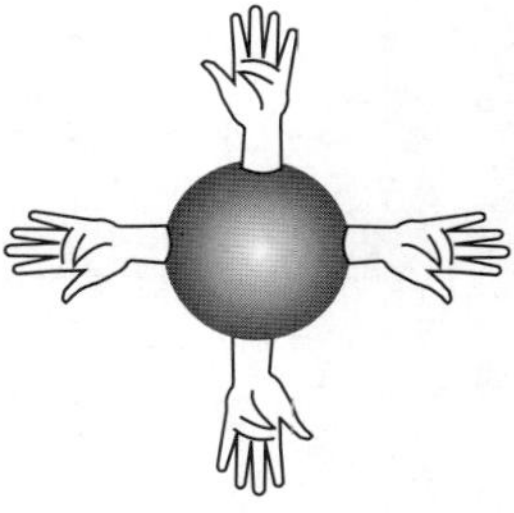
図2.6　原子の〝手〟

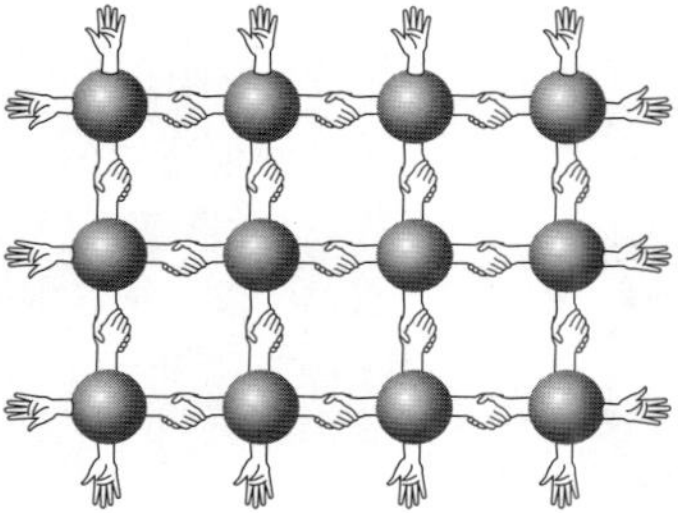
図2.7　〝握手〟による原子の結合

また、元素によって〝手〟の数も異なるのである。

しかし、図2・7に示される〝物質〟はちょっとヘンである。

図2・6に示されるように、原子の〝手〟が平面的に伸びており、その結果、〝結合〟が図2・7のように平面的に行なわれるのであれば、物質は立体的になれず、紙のようにペラペラなものになってしまう（実は55ページで述べたように原子の大きさは10^{-10}m程度なので〝ペラペラ〟にさえなれない）。

ところが、自然というのは実に巧妙に作られているもので、実際の原子の〝手〟は図2・8（64ページ）に示すように、立体的方向に伸びているのが普通なのである。したがって、これらの原子が無数に結合して形成される物質は立体的な〝物体〟になれるのである。

さて、結合の〝手〟の実体は何だろうか。

実は〝手〟の役割を果たすのは直接的、あるいは間

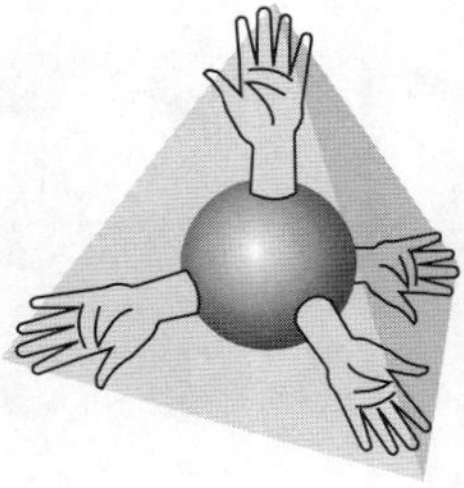

図2.8　原子の立体的な〝手〟

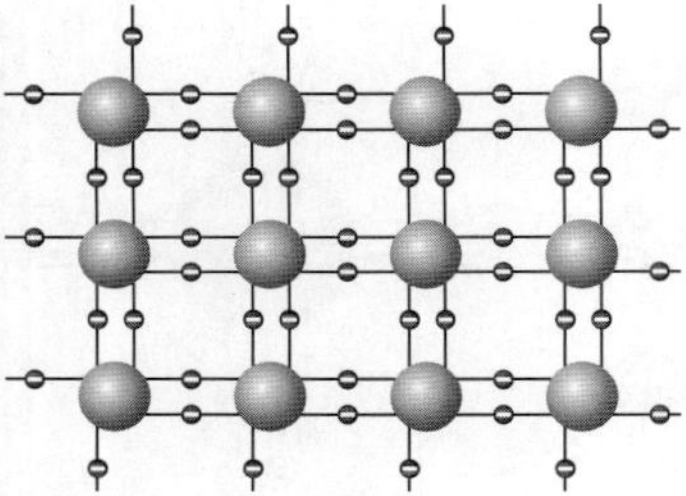

図2.9　電子による原子の結合

接的に原子の一番外側の軌道に存在する電子なのである（このような電子を特別に〝価電子〟と呼ぶ）。この〝手〟は物質の形成に不可欠のものであるから、先述の「一番外側の軌道の電子配置が元素（原子）の諸性質を決定的に左右する」ということがわかるだろう。

そこで、図2・7に示す原子の結合の様子を、より科学的に描くと、図2・9のようになる。この図で、⊖は一番外側の軌道に存在する電子を表わすが、中心部に描かれる大きな球は原子核と内側の軌道に存在する電子を含めたものと考えていただきたい。また、実際の電子の〝手〟の向きは図2・8に示すようになっており、その結合によって形成される物質は立体的な〝物体〟になることはいうまでもない。

物質の三態

われわれ人類を含む生物が存在する上で絶対不可欠な物質といえば、まず水であろう。水は図1・1（40ページ）に示したように、二個の水素原子と一個の酸素原子から成る分子（H_2O）が結合してできた物質である。ちなみに、〝分子〟とは、独立した固有の物質（厳密にいえば〝電気的に中性の物質〟）として存在し得る最小単位のことである。

さて、日常生活の経験からも明らかなように、液体である水はセ氏約0度で凍って氷（固体）になり、約一〇〇度で蒸気（気体）になる。つまり、同じH_2O（〝水〟というと即〝液体〟を意味してしまうので分子の形で記すのである）という物質でも、それが存在する条件によっては、液体、固体、気体という状態（これを物質の三態という）をとり得るということである。もちろん、H_2Oに限らず、すべての物質はそれが存在する温度と圧力によって、三態のいずれかの状態をとる。

水のように常温・常圧下で液体の物質もあれば、鉄や金などの金属やガラス、プラスチックのように固体の物質もある。また、酸素、窒素、二酸化炭素などは常温・常圧下で気体である。

ところで、水はセ氏一〇〇度で水蒸気に変わる（気体に変わることを〝気化〟という、この時の温度を〝沸点〟と呼ぶ）と述べたが、これは一気圧下での話であり、圧力が下がれば沸点も下がる。例えば、〇・六二気圧の富士山頂ならば沸点は約八八度になる。このような場所で米を炊《た》くと半煮えのまずい御飯になってしまうのだが、それは水温が八八度までしか上らないからである。

一方、圧力が上がれば沸点も上がる。このことを応用したのが〝圧力鍋《なべ》〟である。蓋《ふた》をネジで締めて密封し、鍋の中の圧力を高めると、鍋の中の水が一〇〇度以上になるので豆や肉が短時間で煮えるというわけである。

このように、同じ元素から成る物質が、それが存在する温度、圧力によって、異なる三つの状態（三態・三相）をとるのは、簡単にいえば、存在条件によって、その物質を形成する原子・分子間の〝絆《きずな》〟（つまり〝結合〟）の強さが変わるからである。

図2・7で説明したように、物質を形成する原子・分子は互いに〝手〟のようなもので〝握手〟しながら結びついているのだが、物質の状態は、その握手の強さ（科学的にいえば結合力の強さ）に依存するのである。その〝握手（絆）の強さ〟が温度、圧力という〝環境〟に左右されるわけだ。温度と圧力さえ決まれば、物質の状態は一義的に決まる。

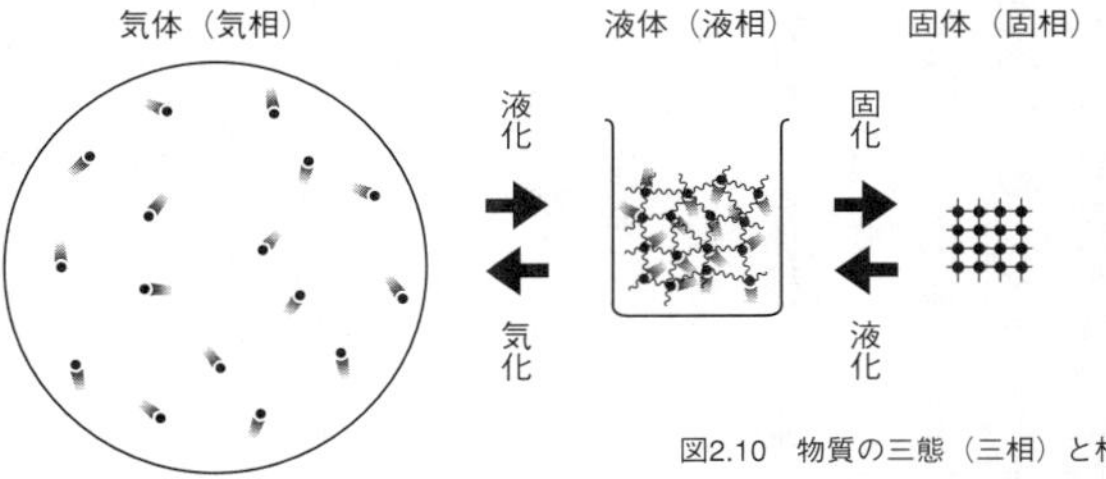

図2.10　物質の三態（三相）と相転移

物質の三態の違いを模式的に描いたのが図2・10である。図中の●は原子あるいは分子を表わすが以下の説明では原子に代表させる。気体（気相）、液体（液相）、固体（固相）いずれの場合も同数の原子（●）が描かれていることに留意していただきたい。

気体を形成する原子間の〝絆〟は非常に弱い（いい換えれば、一個一個の原子の自由度、活動力が大きい）ので、原子はほぼ離れ離れに、すなわちほとんど自由に空間内を運動している。したがって、気体は定まった形を持たないだけでなく、自ら限りなく膨張しようとするので定まった体積も持たない。気体を形成する原子は大きな運動エネルギーを持ち、いわば〝ハイ〟な状態になっているのだが、その源は〝高温〟を作っている熱エネルギーである。

気体の温度を下げていくと、気体を形成する個々の原子の活動力が低下し、原子間に作用する〝互いに一緒になろうとする力〟が大きな役割を果たすようになる。こうなると個々の原子は離れ離れの状態を保てなくなり（自由度をある程度失って）液体に変わる。この時、原子同士は互いに近づき、それらの〝絆〟は気体の時と比べるとずっと強い。しかし、その〝絆〟は全原子の集合体を固定するほどには強くないので、液体は全体として流れの運動ができる程度の自由度を持っている（だから「水は方円の器に随《したが》う」のである）。この結果、液体も気体と同様に定まった形を持たないが、一定条件下では一定の体積を持つ。

液体の温度がさらに下げられると個々の原子の活動力はさらに低下し、原子間の〝絆〟がより強固になり、個々の原子が〝固定〟される（厳密にいえば、原子は微視的な振動を繰り返している）。つまり、固体になるのである。したがって、一定条件下で固体の形も体積も一定になる。しかし、固体といえども、それが存在する温度、圧力によっては膨張して大きくなったり、収縮して小さくなったりする（気体、液体の場合も同様であることはいうまでもない）。

夏の高圧電線はダラリと垂れ下がっているのに、冬になると、それが心もちピンと張っていることにお気づきだろうか。これは電線を構成している物質が、夏は高温のために膨張して長くなり、逆に冬は低温のために収縮して短くなるからである。このような物質の膨張・収縮は、結局、原子同士を結びつけている〝手〟(図2・6、2・7、2・8)が長くなったり、短くなったりしていることにほかならない。

同じ温度変化に対する膨張や収縮の量(熱膨張率)は物質(元素)によって異なり、その〝差〟を積極的に利用したのが、温度計や種々の温度調節装置に使われているバイメタルなどである。

相転移

いま、水(H_2O)を例にして物質の三態(三相)について説明した。図2・10に描かれるように、一つの相から別の相に状態が変ることを相転移(あるいは相変態)という。例えば、液相から固相に変るのは固化と呼ばれる相転移である。一気圧下、セ氏約0度で水は液相から固相へ相転移して氷になる。

このような相転移という現象は、図2・10に示すような気相、液相、固相の異相間のみで起こるだけでなく、同じ相の中でも起こる現象である。

例えば、磁石(固相)を加熱して徐々に温度を上げていくと、ある温度(キュリー温度といわれる)で突然、磁石の性質(磁力)が消えてしまうことが知られている。

もちろん、その温度の前後で固相という状態が変わるわけでも、構成要素(鉄、ニッケル、コバルトなどの金属元素）が変化したわけでもない。強い磁性（強磁性）は、ある特別な構成要素が、ある特別な条件を満たしている時に発現する性質なのである。このように、同じ固相でも、強磁性相↔弱磁性相間の〝相転移〟（磁性の相転移）という現象がある。

いずれにせよ、相転移において特徴的なのは、それが徐々に起こるのではなく、ある特定の温度で不連続的に突然起こることである。また、相転移に関係するのは温度だけではなく、圧力、濃度（成分比）あるいは外部磁場などの〝変数〟の変化によっても相転移は起こる。このような相転移は、その物質を構成する原子、分子などミクロ粒子（第四章参照）の相互作用による〝協力現象〟として説明される。

この相転移という現象は、後述する結晶の生長現象（第五章）と共に〝物質から生命へ〟を理解する上での大きな鍵《かぎ》となることに留意されたい。

秩序と無秩序

すべての物質は結合した原子によって形成されるのであるが、その原子の並び方、つまり配列の秩序性・無秩序性に物質の性質、外観は大いに左右される。そのことは、積み木あるいはブロックで何か構造物を作った場合のことを考えれば容易に理解でき

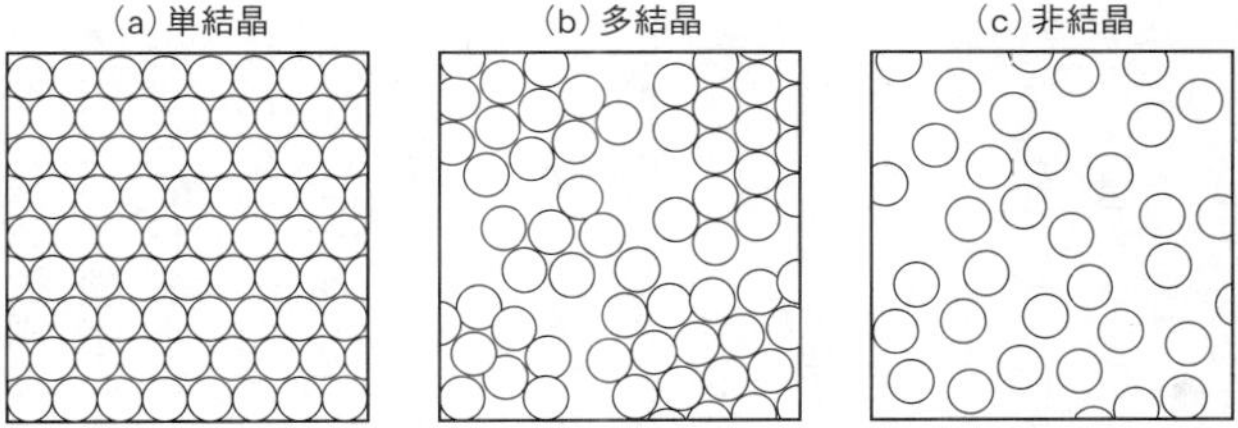

図2.11　物質の分類

るだろう。

原子が三次元的秩序をもって整然と並んでいるような物質を結晶と呼ぶ。それに対し、無秩序に雑然と並んでいる物質は非結晶と呼ばれる。

物質は原子の集合体であるが、その原子の大きさは55ページで述べたように非常に小さく、その実際の集合状態を見るには電子顕微鏡のような特別の装置が必要であるが、それを二次元的な平面模式図で描いてみると図2・11のようになる。三次元の立体である実際の物質は、この平面の積み重ねと考えればよい（図2・8およびその説明参照）。

図2・11(a)は、ある体積を持つ物質全体にわたって、三次元的原子配列の秩序性が保たれている場合で、〝全体が一つの結晶〟という意味で単結晶と呼ばれる。

(b)は部分的には原子配列の秩序性が保たれているが、物質全体にわたる秩序性は保たれていないので、〝多くの結晶から成る物質〟という意味で多結晶と呼ばれる。一方、(c)は物質全体にわたって原子配列が無秩序の場合で、非結晶あるいはアモルファスなどと呼ばれる。

自然界に存在するほとんどすべての物質、物体は結晶質(単結晶、多結晶)である。ガラスは例外的な非結晶の物質である。人工的にはアモルファス金属など非結晶の物質が作られ、特殊材料としての用途を持っている。

いま述べたように、結晶は原子が三次元的秩序性をもって配列した物質であるから、図2・10に示したような気体や液体とは相いれない構造である。したがって、結晶とか非結晶とかいうのは、対象が固体の場合に限られる。

しかし、液体(高分子有機物質)の中には、それを構成する棒状あるいは平板状の分子がある条件下で秩序性をもって配列(配向)するものがある。このような液体を〝結晶のような構造的秩序性を持つ液体〟という意味で液晶と呼ぶ。液晶は、このような特異な性質から、さまざまな電子機器、パソコン、壁掛けテレビなどに〝液晶ディスプレイ〟として利用されている。

自然界にはさまざまな状態の物質が存在するが、人間社会は総じて〝多結晶の状態〟のように思える。生命体(生物)も全体としては〝多結晶〟である。

湯川秀樹（ゆかわひでき）
一九〇七―一九八一。素粒子の相互作用を媒介する中間子の存在を予言し、素粒子論展開の契機を作った。一九四九年にノーベル物理学賞を受賞した。

結晶の形と性質

結晶（クリスタル）という言葉はたいていの人が知っている。日常生活の中でも〝汗の結晶〟とか〝努力の結晶〟というように〝結晶〟という言葉が使われている。〝愛の結晶〟という言葉もある。日本人初のノーベル賞を受けた物理学者の湯川秀樹*は、本のことを〝思想の結晶〟と呼んだ。私は〝愛の結晶〟についてはよくわからないが、日常生活の中で使われる〝結晶〟という言葉には「長年の努力の結果できあがった、あるいは獲得した非常に尊いもの」というニュアンスがあるように思われる。「国語辞典」にも「苦心・努力・愛情などの結果、立派な形になって現れたもの」（『広辞苑《こうじえん》』）と書かれている。

人文社会学的な〝結晶〟はともかく、自然科学的には、前項で述べたように、〝結晶〟は構成原子が三次元的な秩序をもって整然と配列した物質である。

一般的に知られている現実の結晶の代表はダイヤモンド、ルビー、サファイア、水晶などの宝石であろう。これらの天然宝石は、確かに、地質学的な長い年月を経て、地中で生成された〝立派な形になって現れたもの〟である。宝石は色や形が美しいばかりでなく、化学的に極めて安定で、長い年月を経ても褪色《たいしょく》したり変質したりしない。また、宝石は一般的に極めて硬い物質であり、研磨された表面は傷つくことなくいつまでも光り輝くのである。古代から現代まで、宝石が高貴、高価な装飾品として珍重されてきた理由はこれらにある。

数ある宝石の中で〝宝石の王様〟はやはりダイヤモンドであろう。

通常、われわれが目にする宝石としてのダイヤモンドは、図2・12に示すようなブリリアント・カットと呼ばれる特別の人工的研磨加工を施されたものであるが、天然に産するダイヤモンドの形状は大いに異なる。天然に産するダイヤモンドは図2・13に示すようなさまざまな形態をとるが、その〝理想形〟（本来の自然の摂理に従って理想的な成長をした場合の形）は図2・14(a)に示すような正八面体である。

観光地のみやげ物屋などで見かけたことがある人も少なくないと思うが、天然に産する水晶の理想形は図2・14(b)に示すような六角柱である。また、われわれの日常生

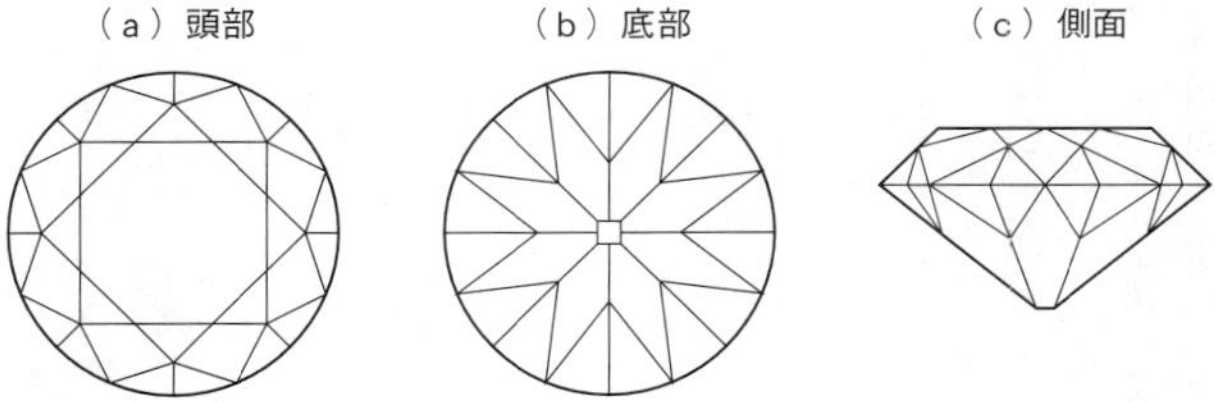

図2.12 ブリリアント・カット

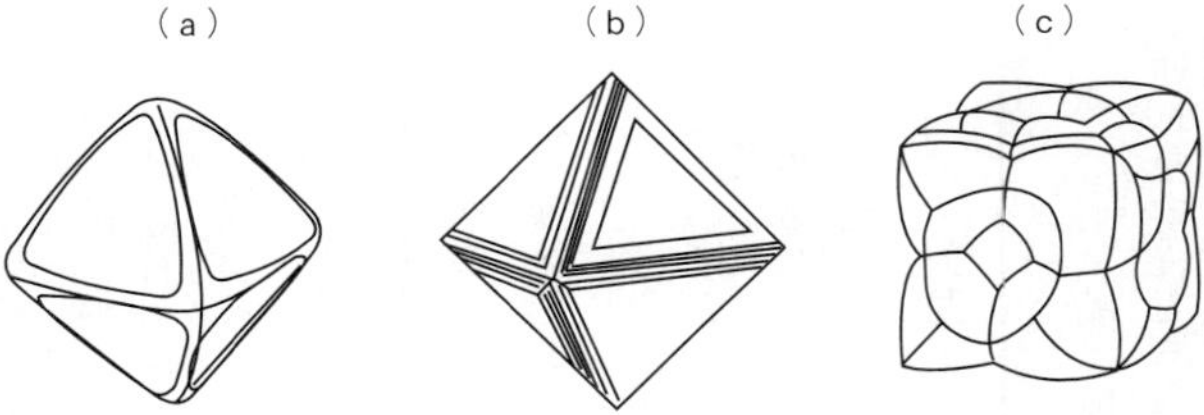

図2.13 天然ダイヤモンド結晶の形態

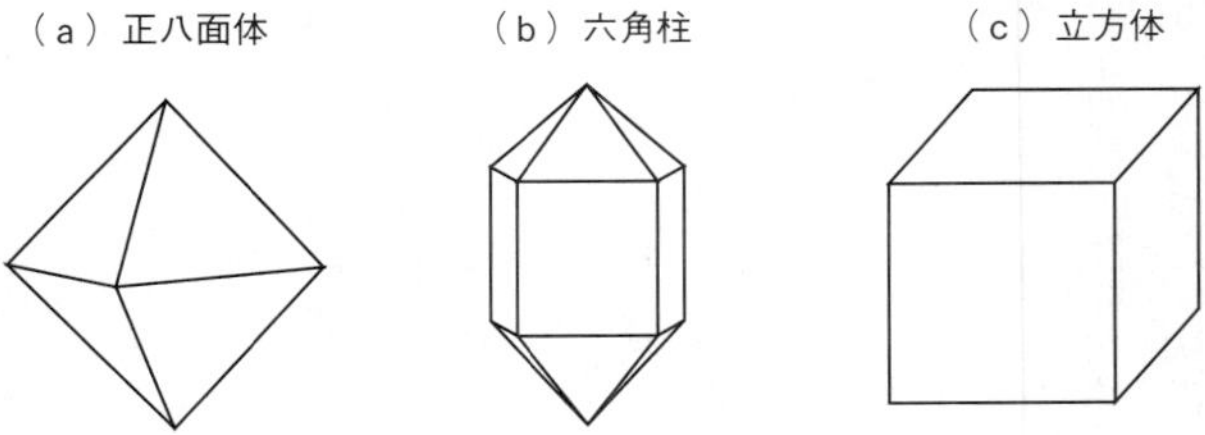

図2.14 結晶の外形

図2.15　雪の結晶
（小林禎作『雪華図説新考』築地書館、1982より）

活に欠かせない食塩は(c)に示すような立方体形状の結晶である。

夏目漱石の孫弟子に当る物理学者の中谷宇吉郎*が〝天からの手紙〟(19)と呼んだ雪は水蒸気が昇華してできた結晶である。図2・15は世界的な雪の研究者として知られる小林禎作*が北海道・大雪山で採取した雪の顕微鏡写真の一例である。これらの絶妙な形の美しさに、私は何度見てもうっとりとさせられる。実際に分度器を当てて角度を測ってみるとよいが、雪の結晶は、見事に六〇度ごとの六回対称形になっている。図2・14に示すような結晶の場合も同様であるが、自然界に生長、生成される結晶の外形には寸分の狂いもない正確な角度の対称性が見られるのである。まさに、自然の驚異というほかはない。

さて、結晶は構成原子が三次元的秩序性をもって配列した物質である（図2・11(a)）と述べた。次に、ダ

中谷宇吉郎（なかやうきちろう）一九〇〇―一九六二。物理学者。天然雪の観察や雪の人工結晶化の研究を行い、人工雪を屋内で作ることに初めて成功した。寺田寅彦と師弟関係にあり、随筆家としても有名である。

昇華（しょうか）
気体が液体になることなく、直接に固体になること。また、その逆の変化。例えば、ドライアイスなどがある。

小林禎作（こばやしていさく）
一九二五―一九八七。北海道大学低温科学研究所教授。雪の結晶習性を研究した。

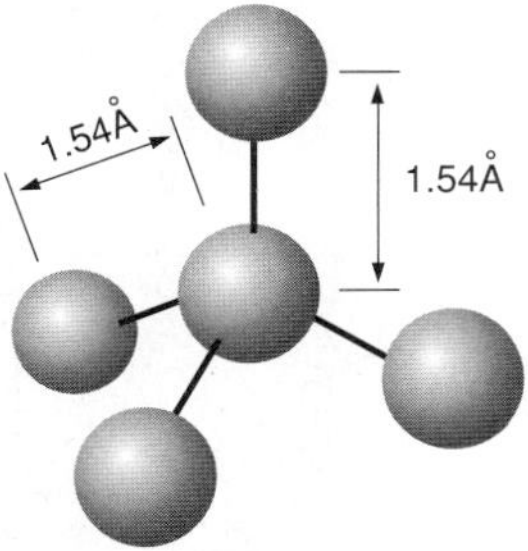

図2.16　炭素原子の正四面体

イヤモンドの単結晶を例に、結晶の〝内部〟を原子レベルで眺めてみよう。

ダイヤモンドは炭素原子の集合体であるが、その基本単位は図2・16に示すような五個の炭素原子から成る〝正四面体〟である（外側にある四個の原子のうちの三個で作られる正三角形を仮想すると、正三角形四個から成る正四面体になる）。図2・8に示したように、外側の四個の炭素原子も中心にある炭素原子と同様に四本の〝結合手〟を持っているので、図2・16の〝正四面体〟が三次元の秩序ある配列を持って結合すれば結晶が形成されるのである。そのようにして形成されたダイヤモンド単結晶の理想的外形が図2・14(a)に示す正八面体というわけである。なお、図2・16に示される〝Å（オングストローム）〟は長さの単位で$1Å = 10^{-8}cm = 10^{-10}m$である。

このような正八面体のダイヤモンド単結晶の原子模

型の写真を図2・17に示す。黒い粒に見えるのが炭素原子であり、灰色に見える〝棒〟は結合手である。正八面体は二個のピラミッドの底を合わせた形であるが、(a)はピラミッドの真上から、また(b)は真横から見たものである。それぞれ規則正しく並ぶ正方形および正六角形の〝トンネル〟が見える。そして、(c)はピラミッドを形成する正三角形の面の真上から眺めたものである。この場合は規則正しく並ぶ正三角形のトンネルが見える。

結晶の特徴の一つは、それが三次元的な秩序をもって配列した原子で形成されているがゆえに、図2・17(a)〜(c)に明瞭《めいりよう》に示されるように、見る方向によって、その原子配列がまったく異なるということである(配列が三次元的に無秩序であれば、どの方向から眺めてもその原子配列は無秩序であり、図2・17に示されるような現象は起こり得ない)。つまり、単結晶の物質は、その方向によってまったく異なった性質を持つのである。このような性質を異方性と呼ぶ。一方、多結晶や非結晶(図2・11(b)、(c))は、どの方向でも性質は同じであり、そのような性質を等方性と呼ぶ。

ちなみに、図2・17に示されるダイヤモンドの結晶の中に、どれくらいの数の炭素原子が詰め込まれているのかを計算してみると、およそ、

2×10^{22}個$/cm^3$

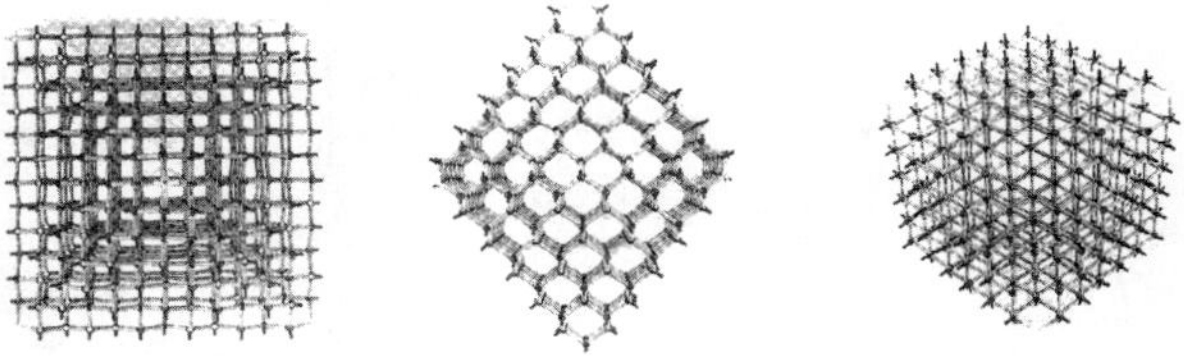

（a）　（b）　（c）

図2.17　正八面体ダイヤモンド結晶の原子模型のさまざまな見え方

という膨大な値が得られる。つまり、一立方センチメートルの体積の中に約二〇〇〇〇〇〇〇〇〇〇〇〇〇〇〇〇〇〇〇〇個の炭素原子が詰め込まれていることになる。

いままでに述べたのは、無生物を形成する〝無機物質〟の結晶構造であり、それは比較的単純である。水素原子と酸素原子の二種類の元素から成る水（H_2O）や炭素原子のみから成るダイヤモンドの話であった。ところが、生命体を構成する物質（有機物質）は極めて複雑である。例えば、生物を形成する主要な物質であり、さまざまな生命現象の担《にな》い手でもあるタンパク質[20]は数万種以上もあり、多種多様であるが、それは構造が複雑だからである。

多様なタンパク質の構造は一次構造から四次構造（二、三、四次構造を総称して高次構造と呼ぶ）までの四段階に区別して考えられるが、二次構造の一例を

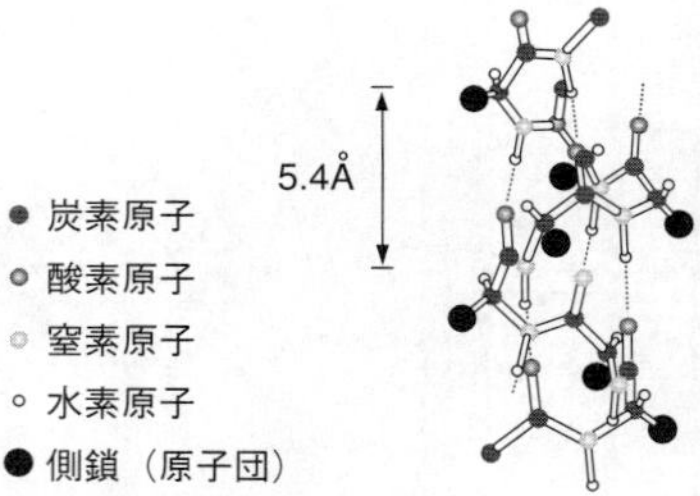

図2.18　タンパク質の二次構造の例（αヘリックス）
（池内俊彦『生命を学ぶ　タンパク質の科学』オーム社、1999より）

図2・18に示す。このような一群の単位分子が鎖状に結合してタンパク質の立体構造が作られている。図中、側鎖というのは連鎖から枝分かれしている原子団である。タンパク質を構成する基本単位はアミノ酸と呼ばれる物質である。天然に存在する数百種類のアミノ酸のうち、タンパク質を構成する標準アミノ酸二〇種類が知られており[21]、それぞれに二〇種類の側鎖（原子団）が存在することになる。

生物、生命体の構造については、第六章で詳述する。

第二章のまとめ

●物質を形成する原子は中心に位置する原子核とそれを「周回」する電子とで構成されている。

●原子核を構成するのは陽子と中性子である。

●地球、宇宙に存在する無数の物質は、およそ一〇〇種の原子（元素）で構成されている。

●すべての物質は結合した原子によって形成されるが、その三次元的配列には秩序性（結晶）と非秩序性（非結晶）が見られる。

●物質はその存在条件（温度、圧力）によって三相（気相、液相、固相）をとり得る。

●相転移（相変態）は徐々にではなく、ある条件下で不連続的に起こる。

第三章　物質と宇宙の起源

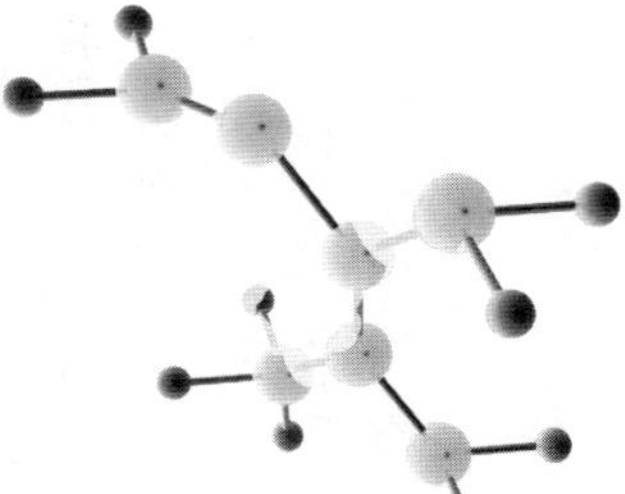

いままで二章にわたって、物質の根源、物質の構造について述べてきた。ここまでの説明で、われわれが目にする物体、物質がいかなるものであるかについては理解できたと思う。しかし、その物質の〝起源〟についてはまだ触れていない。つまり、いかなる場合も「無から有は生まれない」と思われるので、物質の根源（アトモス）はそもそも何から、どのようにして生まれたのか、という問題である。しかし、よしんば、その〝何か〟がわかったとしても、次には〝その何か〟は何から生まれたのか、という問題が生じ、本当に「無から有は生まれない」とすれば、この問題は果てしなく繰り返されることになるだろう。

結局、物質の起源を追究することは、宇宙の起源を追究することにならざるを得ない。

結論をいえば、二一世紀初頭の現時点で、〝宇宙の起源〟については（したがって〝物質の起源〟についても）はっきりわかっていない。いずれにせよ「無から有は生まれない」という「常識」を前提にする限り、結論が出るようには思えないのである。少なくとも、現代の「科学」の範囲で明確な結論を導くのは不可能なのではないか、

ヘシオドス（Hēsiodos）
生没年不詳。紀元前七〇〇年ごろ活躍したギリシャの詩人。農事を生活の中心として、人生、世情をみつめ、平民の生活を歌った。

というのが私自身の実感である。

しかし、現に、宇宙そして物質が存在するのは事実、である。本章では、その〝事実〟に対する先人や現代人の〝知的格闘〟をかいま見ておきたいと思う。

ギリシャ神話

人類がこの地球上に誕生して以来、知的なヒトの好奇心が周囲の物体や天空の星の起源、根源に向かったのは想像に難くない。物事を少しでも深く考える性癖を持っている人ならば、すべてが不思議に思えるはずだからである。

宇宙・物質の起源、根源については世界各地の「神話」の中に語られている。

例えば、ギリシャ神話を見てみよう。

紀元前八世紀から同七世紀にかけての実在の人物と考えられているヘシオドス*の著作『神統記』では、次に示すように、天地一切の物を〝生み出されたもの〟として説明している(22)。

さて最初にカオス（空隙《くうげき》）が生じた。次いでは、
胸広きガイア（大地）。〈中略〉
さらに不死なる神々の中でも最も美しいエロス（愛）が生れた。
〈中略〉
カオスよりはエレボス（暗闇《くらやみ》）と黒きニュクス（夜）が生じ、
さらにニュクスよりはアイテール（高天の気）とヘメレ（昼）とが生じた。
（傍点は筆者）

ここには〝誰が生んだのか〟は書かれていない。神話というより、むしろ素朴な自然観と呼ぶ方が適当かも知れない。最初に生じたとされる「カオス」は、現在では「混沌《こんとん》」と訳されるのが普通であるが、この『神統記』では「万物が成立するための場所としての空隙」の意味である。アリストテレス（15ページ参照）は『自然学』の中で、このヘシオドスの言葉に対し「なにものの存在するにも先《ま》ず第一に必要なのは空間の存することだ、というにある」(23)と説明している。つまり、ヘシオドスによれ

メリッソス（Melissos）
生没年不詳。紀元前五世紀ごろのギリシャの哲学者、政治家。エレアのパルメニデスの弟子とされ、「アトモス論」に大きな影響を及ぼした。

ば、天地は自然発生的な生成によって成立したことになる。

したがって、天地の〝素材〟がどこからきたのか、どのように供給されたのかは説明されない。しかし、厳密に考えれば、「常識」的には、生成であれ、後述する創造であれ、素材なしでは起り得ないはずである。紀元前五世紀頃の、エレア学派の自然哲学者・メリッソス*は『自然について、もしくはあるものについて』の中で、

あったものは常にあったのであり、そして常にあるだろう。なぜならば、もしもそれが生成したのであれば、その生成よりも前に必然的に何もあってはならないだろうからだ。ところで、何もあらぬならば、その場合、あらぬものから、何かが生成することはどうしてもありえないだろう。（傍点は原文ママ）

と述べている[24]。つまり、「無（空隙）からは決して何物も生じ得ない」というのである。したがって、後世、「カオス」は「空隙、虚無」ではなくて「混沌」という意味になる。〝虚無〟から宇宙・大地が成立したと考えるよりも、〝生成主〟が誰であるかはさておき、混沌たるものから宇宙・大地、つまり秩序あるものが生成されたと考える方が明らかに合理的であろう。

日本神話

興味深いことに、日本神話が説明するところの宇宙・大地の起源は、ギリシャ神話のものと極めて似ている。『古事記』『日本書紀』の冒頭に同様の記述があるが、より明瞭《めいりょう》な『日本書紀』から以下に引用する[25]。

昔、天と地がまだ分れず、陰陽《いんよう》の別もまだ生じなかったとき、鶏の卵の中身のように、固まっていなかった中に、ほの暗くぼんやりと何かが芽生えを含んでいた。やがてその澄んで明らかなものは、のぼりたなびいて天となり、重く濁《にご》ったものは、下を覆《おお》い滞《とどこお》って大地となった。澄んで明らかなものは、一つにまとまりやすかったが、重く濁ったものが固まるのには時間がかかった。だから天がまずでき上って、大地はその後でできた。そして後から、その中に神がお生まれになった。

この中の〝鶏の卵の中身のように、固まっていなかった中〟は、原文では〝渾沌〟である。つまり、日本神話においても、天地（宇宙・大地）は「渾沌（混沌）」から生まれたことになる。

このように、宇宙・大地の起源観において、ギリシャ神話と日本神話は極めてよく似ているのであるが、興味深い相違は、ギリシャ神話では天より先に大地が成立しているのに対し、日本神話では天が地より先に成立していることである。

また、いずれの神話においても、天地が成立した後に神々が生まれることに留意していただきたい。

聖書

欧米人にとっての「天地創造」の物語の基盤は何といっても、紀元前六世紀〜同五世紀に成立したと考えられている『旧約聖書　創世記』であろう。『創世記』の冒頭に次のように書かれている(26)。

始めに神が天地を創造された。地は混沌としていた、暗黒《やみ》が原始の海の表面にあり、神の霊風が大水の表面に吹きまくっていた。まず神が、「光あれよ」と言われると、光が出来た。神は光を見てよしとされた。神は光と暗黒との混合を分け、神は光を昼と呼び、その暗黒を夜と呼ばれた。かくて夕あり、又朝があった。以上が最初の一日である。

天地が「混沌（渾沌）」から成立したのは、前述のギリシャ神話、日本神話の場合と同じなのであるが、ユダヤ教、キリスト教の原典ともいうべき、この『旧約聖書』が述べるところにおいては、「神が無から天地を創造した」のである。すなわち、創造主の神は、天地成立以前に存在していたことになる。

天地創造に関するこのようなギリシャ神話、日本神話と『旧約聖書』との間に見られる明確な違いは、前者が「多神教（八百万《やおよろず》の神）」思想であるのに対し、後者が「一神教」思想であることと深く関係するのであるが、ここではこれ以上深入りしない。

思弁的無限宇宙論

今日の宇宙論に通じる「科学的」宇宙論を最初に展開したのも、やはり、あの古代ギリシャ人である。

ターレス（26ページ参照）を祖として、ピタゴラス派の自然哲学者たちによってまとめられた〝コスモス（宇宙）論〟を基盤にして、万学の祖・アリストテレス（15ページ参照）は、地球を中心とした秩序だった狭い宇宙（最初の〝天動説〟）を描き、天体は永久に不変であるという説を広めた。

ちなみに、〝宇宙〟を意味する英語〝cosmos〟の語源はギリシャ語の〝*kósmos*〟であり、それは元々「秩序」「秩序ある調和のとれた体系」の意味であり、それが〝すべての天体が運動をくりひろげる時間的・空間的舞台〟である〝宇宙〟を意味するようになったのである。そして、その〝宇宙〟という言葉は、前漢時代の書『淮南子《えなんじ》』にある「往古来今謂之宙、四方上下謂之宇」（傍点筆者）に由来する。つまり「宇」は「天地四方」無限の空間的広がりを意味し、「宙」は「古往今来」無限の時間的広がりを意味する。

すなわち、古代ギリシャ人が唱えた〝コスモス〟は有限であるが、〝宇宙〟という言葉は字義的にいえば無限性を意味している。

また、ついでに書き記せば〝コスモス（cosmos）〟は前述の〝混沌（渾沌）〟を意味する〝カオス（chaos）〟と対《つい》を成す言葉である。つまり、古代ギリシャ人の思考においては、〝宇宙〟は「秩序ある調和のとれた体系」であり、〝秩序ある調和のとれた体系〟が「宇宙」なのである。

さて、宇宙が不変であり、有限であるという〝コスモス論〟はアリストテレスの時代以降、ほぼ二〇〇〇年間にわたって引き継がれた。

このような伝統的な地球中心の閉じた（有限の）宇宙像を根底から覆《くつがえ》したのはイタリア後期ルネサンスの哲学者・ブルーノ*である。彼は、著作『無限、宇宙および諸世界について』(27)で、宇宙は神の第一の創造物として、その無限性を具現化したものと考えた。それは新プラトン主義思想の影響を強く受けた汎霊魂論*に基づく思弁的なものではあったが、無限宇宙論を初めて展開したことの意義は大きい。

ブルーノは、この考えを基に、「無限の空間には上も下も、右も左もない」ということで、空間のすべての場所、方向を相対化したのである。

それでもなお、キリスト教影響下のヨーロッパにおいては当然ではあるが、宇宙の創造主は〝神〟であったし、〝神〟でなければならなかった。

ブルーノ（Bruno, Giordano）一五四八―一六〇〇。イタリア後期ルネサンスの自然哲学者。コペルニクスの地動説に基づいて、自然を無限の宇宙と考えた。

汎《はん》霊魂論 万有に霊魂があるとする説（汎心論は万有に心があるとする説）。

ケプラー（Kepler, Johannes）一五七一―一六三〇。ドイツの天文学者。ブラーエの火星観測の結果に基づく研究から、惑星の運動に関する「ケプラーの法則」を発見した。

コペルニクス（Copernicus, Nicolaus）一四七三―一五四三。ポーランドの天文学者、聖職者。当時の定説であった地球中心宇宙論に反対し、地球その他の惑星は太陽の周囲をめぐるという太陽中心宇宙論、地動説を提唱した。

科学的無限不変宇宙論

ブルーノの〝思弁的〟無限宇宙論を望遠鏡という科学的機器を使った緻密《ちみつ》な観測と計算、そして見事な物理法則化によって〝科学的〟無限宇宙論にまで高めたのはガリレイ（36ページ参照）、ケプラー*、ニュートン（36ページ参照）らの科学者である。

ガリレイやケプラーの望遠鏡による天体観測と惑星観測の膨大な記録によって、人間が住む地球が、それまで〝宗教的〟に信じられていたような宇宙の中の特別な存在ではないことが明らかにされたし、地球を含む惑星が太陽の周囲の楕円《だえん》軌道を回っていることを明らかにしてピタゴラス派以来の「惑星の軌道は神が創《つく》った美しい円軌道である」というコスモス論が打ち砕かれ、そしてコペルニクス*の〝思弁的〟地動説が科学的に確固たるものにされたのである。

さらに、ガリレイに始まりニュートンによって完成された力学（運動の法則）は〝神の大きな力の存在〟にとどめを刺した。つまり、ニュートンが「万有引力の法則」の発見により、惑星などの天体運動は神から与えられた力ではなく、宇宙のすべての物体間に働く万有引力という力で説明できることを明らかにしたのである。

そして、この「万有引力の法則」の発見は、結果的に、「宇宙は無限で定常不変である」という宇宙観を確固たるものにすることになる。

つまり、宇宙が万有引力という力に支配されているとすると、「万有引力の法則」により、物質が多い場所には物質がどんどん集まってくることになるから、宇宙が有限だとすれば、最終的に宇宙はつぶれてしまうことになるのである。

ニュートン自身、他のすべての人と同様に、宇宙は人類誕生以来何も変わらずに続いている定常不変のものと考えていたから、宇宙は必然的に無限であらねばならなかった。つまり、宇宙が無限に拡《ひろ》がるものならば、すべての天体に生じる引力（万有引力）は互いに打ち消し合えるから、宇宙がつぶれるようなことは起こらない。この時、ニュートンが導入した〝何ものからも影響を受けない〟「絶対空間」と「絶対時間」は近代科学の不動の基盤になったのである[28]。

ニュートンが確固たる物理法則（それは、今日、「古典物理学」と呼ばれるもので

プランク（Planck, Max）
一八五八―一九四七。ドイツの理論物理学者。黒体放射の理論的研究を行い、「プランク定数」を提案し、量子力学への道を拓《ひら》いた。一九一八年にノーベル物理学賞を受賞した。

アインシュタイン（Einstein, Albert）
一八七九―一九五五。ドイツ生まれのアメリカの理論物理学者。光量子説、（特殊・一般）相対性理論、統一場の理論などを首唱し、その後の新しい物理学の芽となる研究を行った。一九二一年にノーベル物理学賞を受賞した。

ハッブル（Hubble, Edwin Powell）
一八八九―一九五三。アメリカの天文学者。銀河のスペクトル線の赤方偏移の観測から、「ハッブルの法則」を発見した。

ある）として明らかにした「宇宙は無限であり、定常不変である」という考え、「絶対空間」「絶対時間」の概念は二〇世紀の初めまで、いわば「常識」であり（そして、二一世紀初頭においても、大半の人にとっては「常識」であり続けている）誰一人疑うべくもなかった。

膨張宇宙論

二〇世紀初頭、それまでの「自然観」を革命的に転換させる二つの理論が誕生した(29)。一つは物質観を変えた「量子論」（次章で簡単に触れる）であり、他の一つは時間・空間（時空）観を変えた「一般相対性理論」である。前者はプランク*を祖とする幾多の天才的物理学者によって構築された理論体系であり、後者は*アインシュタインという、まさに天才中の天才と呼ぶべき一人の物理学者によって提案された理論である。

本項で述べようとする〝膨張宇宙論〟とアインシュタインの一般相対性理論とは密接な関係があるが、それは私にとっても難解であり、その詳細については割愛する。一般相対性理論の解説書は一般読者向きの啓蒙書《けいもうしょ》から専門書まで膨大な数にのぼるが「入門」には前掲の参考図書(29)や巻末に掲げる参考図書(30)、(31)などを勧める。

二〇世紀において為《な》された科学上の画期的な発見は少なくないが、その〝スケール〟の点からも〝哲学〟の点からも「最大の発見」と呼んでよいと思われるのは、アメリカの天文学者・ハッブル*が一九二九年に発表した「銀河から発せられるスペクトル線の赤方偏移」であろう。この「赤方偏移」というのは、ドップラー効果という波動特有の現象によって、光の波長が長波長側にずれることなのであるが、簡単にいえば、この発見によって、相対的位置が不変だと思われていた銀河が、どんどん遠ざかっていることが明らかにされたのである。それは特殊な銀河に限ったことではなく、観測された四六個すべての銀河が互いに遠ざかっていた。そして、その遠ざかる速さが遠くにある銀河ほど大きいことも明らかにされた。これは、画期的な大発見であり、それまで〝不変〟と思われていた宇宙が実は、一様に〝膨張〟していることの証拠と考えられ、「膨張宇宙論」が確立される第一歩となったのである。

宇宙が膨張するというのはどういうことなのか。図3・1に示すようなゴム風船を

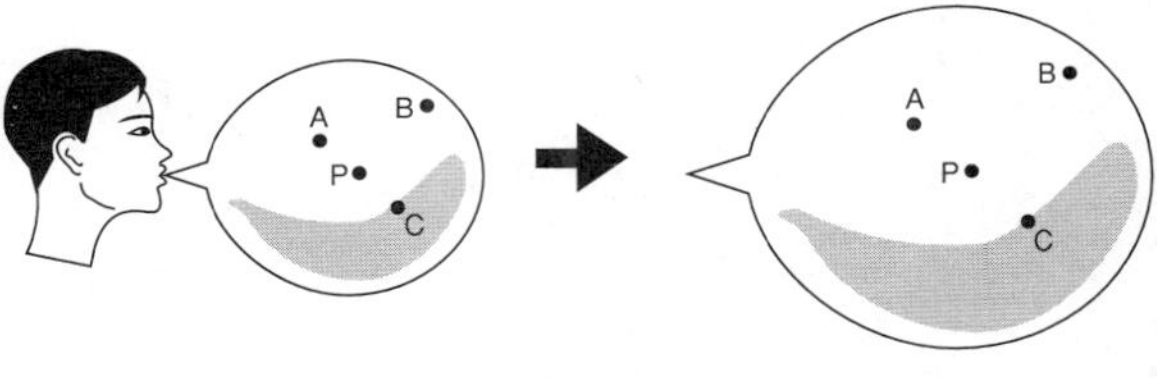

図3.1　膨張する風船上の点の相対的位置関係
（ジョン・バロウ『宇宙が始まるとき』草思社、1996より、一部改変）

使った思考実験で考えてみよう。

まず、ゴム風船を少し膨らませて点Pを記す。この点Pをわれわれがいる銀河系と考える。そして、点Pの周囲に他の銀河を表わす点A、B、Cを適当な距離間隔で記す。そして、この風船をさらに一様な速さで膨らませていくと、点A、B、Cは点Pから遠ざかっていくのがわかるはずだ。そして、風船の面が一定の率で膨張するとすれば、点Pから遠くにある点ほど速く遠ざかる（元の距離が二倍だとすれば伸びる長さも二倍になるので、二倍の速さで遠ざかることになる）。このことは、どの点から眺めた場合でも同じである。

いま述べたのはあくまでも膨張する二次元の平面上での話であるが、風船の面を三次元の空間に置き換えても同じことなのである。

三次元空間に存在するすべての点（銀河）が互いに遠ざかっているということは、その空間（宇宙）が膨張しているということなのである。

ハッブルの論文が発表された一九二九年以降、「膨張宇宙」に対するいくつかの証拠が見出《みいだ》されているが、一九八九年、アメリカのNASAが打ち上げた宇宙背景輻射《ふくしゃ》探査衛星（COBE）による宇宙空間のスペクトル測定によって、われわれの宇宙があらゆる方向に一定の率で膨張していることは疑いようのない事実となった(32)。

宇宙はニュートンが考えたように「定常不変」ではなく、時々刻々、膨張という変化を続けているのである。

ここで注意すべきは、宇宙は〝何か〟の中で膨張しているのではないということである。宇宙は〝時空〟のすべてであり、そのすべての時空である宇宙が膨張しているのである。

空間が膨張するということは、空間内の各点間の距離が長くなるということであるが、それは例えば、太陽と地球との距離が拡がるというようなことではない。われわれの太陽系や、それが属する銀河系は重力（万有引力）によって固く結び付けられて一体となっているので、そこには「空間の膨張」は影響を及ぼさない。「膨張宇宙」はより大きなスケールでの話なのである。

さて、われわれの宇宙がすべての方向に膨張を続けているとすれば、その膨張が始まった時点がなければならない。つまり、それまで定常的で不変と思われていた宇宙に「誕生の瞬間」すなわち「年齢」があったということになる（われわれ自身の肉体のことを考えてもわかるように定常不変であれば「誕生の瞬間」も「年齢」もないのである）。そして「誕生」があれば「死」もあるだろう。

このように、「膨張宇宙論」は宇宙の歴史が有限であることを明らかにするものである。宇宙には「始まり」も「終り」もあるのだ。これはやはり革命的な発見といわねばならない。

宇宙の「年齢」は前述の〝遠ざかる銀河〟の赤方偏移の度合に関係する「ハッブル定数」項を含む理論式を使って計算されるのであるが、その式の中に含まれる「距離」の定義に不確定要素があるため確定的なことはいえない(33)。

そのような〝誤差〟を認めた上で、現時点において、われわれの宇宙はおよそ一五〇億年前に誕生したというのが通説になっている。

ここで、あえて〝われわれの〟宇宙と断わるのは、宇宙が一つである確証は何もなく、いま、われわれが議論しているのは、あくまでも〝われわれの宇宙〟だからである。

余談である。

前述のように、一九二九年のハッブルによる「銀河スペクトルの赤方偏移の発見」が「膨張宇宙」の決定的な証拠になったのであるが、実は宇宙が膨張することはそれ以前に理論的に予言されていた。

アインシュタインが一九一六年に発表した「一般相対性理論」は簡単にいえば、時間と空間は互いに独立したものではなく、まとめて「時空」として考えなければいけないということと、時間や空間が「曲がる」ことを述べたものである。実は、この一般相対性理論から、宇宙が静止していることはなく膨張あるいは収縮するという結論が導かれるのであるが、「宇宙は不変」と信じていたアインシュタインは「宇宙定数」を自分の理論の中に入れて「アインシュタインの静的宇宙」を作ってしまった。

一九二二年、ペトログラード（現サンクト・ペテルブルク）にいたフリードマン＊は、アインシュタインの一般相対性理論を詳細に検討し、それが膨張宇宙を記述していることを確信した。つまり、宇宙定数を導入して作った「アインシュタインの静的宇宙」が誤りであることを発見したのである。この「膨張宇宙」が正しかったことは前述の通りである。

この結果、最初に膨張宇宙を予言した、という栄誉はフリードマンのものとなってしまった。アインシュタインが「定常不変宇宙」を信じていなかったなら、二〇世紀

フリードマン（Friedmann, Aleksandr）一八八八—一九二五。ロシアの数学者。数学的計算によって、膨張・収縮宇宙論を最初に唱えた。

の革命的大発見の栄誉がさらにもう一つアインシュタインに与えられたところだった。

何年か後、アインシュタインは自分自身の一般相対性理論に「宇宙定数」を導入してしまったことを「わが生涯最大の失敗」と語ったという(32)。

あの大天才のアインシュタインでさえ「信じた」がゆえに大きなミスを犯したのだということを教訓にしたいと思う（ついでながら、本書では触れないが、アインシュタインは「量子論」の分野でも「信じた」がゆえの大きなミスを犯している）。

ビッグバン

さて、これから「宇宙の起源」そして「物質の起源」に大きく迫ることになる。

われわれの宇宙が、およそ一五〇億年間、膨張を続けていることは明らかになったのであるが、その膨張の過程を逆にさかのぼるとどうなるのであろうか。

膨張の逆の過程であるから宇宙は収縮していく。宇宙空間はどんどん縮み、一五〇億年後（現在を基準にすれば一五〇億年前）に宇宙はつぶれてしまうはずである。現在のわれわれの宇宙の大きさを半径一五〇億光年の仮想的な球だとすれば、それが体積ゼロの〝点〟にならざるを得ないだろう。

ちなみに、〝光年〟というのは、天文学的な距離を扱う場合に使われる長さの単位で、光が真空中を一年間に進む距離が〝一光年〟である。光は一秒間に三〇万キロメートル進むから、一年間（三一五三六〇〇〇秒）に進む距離は約10^{13}（一〇兆）キロメートルになる。

したがって、一五〇億光年は、10^{13}キロメートルの一五〇億倍で約1.5×10^{23} kmになる。われわれの宇宙は、まったく想像を絶する大きさである。

そのような、想像を絶する大きさの宇宙が体積ゼロの〝点〟にまで収縮するということも、まさしく想像を絶することである。しかし、膨張宇宙論が正しいとすれば、われわれの宇宙には〝始まり〟があったのである。

宇宙の全質量が体積ゼロの〝点〟にまで圧縮されれば、それは無限大の密度を持つ状態である。そして、それは温度が無限に高い状態でもあろう。この状態は一般に

ルメートル（Lemaître, Georges）
一八九四—一九六六。ベルギーの天体物理学者、司祭。フリードマンの膨張宇宙論を進めて、宇宙爆発（火の玉）起源論を唱えた。

ガモフ（Gamow, George）
一九〇四—一九六八。アメリカの理論物理学者。量子理論を応用した原子核のα（アルファ）崩壊理論、恒星進化論、元素の起源の理論などを提案した。

「初期特異点」と呼ばれる。その「初期特異点」は一五〇億年前のことである。

現在、われわれが知る物理学では、無限大の密度、無限大の温度を把握できないので「初期特異点」について述べることはできないが、その〝直後〟から現在に至る宇宙の「進化」過程を推測することはできる。

アインシュタインの一般相対性理論からフリードマンが一九二二年に「膨張宇宙」を予言したことを100ページで述べたが、ベルギーの神父だったルメートル*は、その「予言」をさらに進めて一九二七年に、宇宙は「火の玉」が爆発して生まれたという説を出している(34)。それは、ハッブルが「膨張宇宙」の証拠となった「赤方偏移」を発見する二年前のことである。

この〝宇宙「火の玉」爆発起源説〟を一九四〇年代に核物理学、原子物理学を基盤にして強化し、今日「ビッグバン理論」と呼ばれる宇宙論の確立に中心的

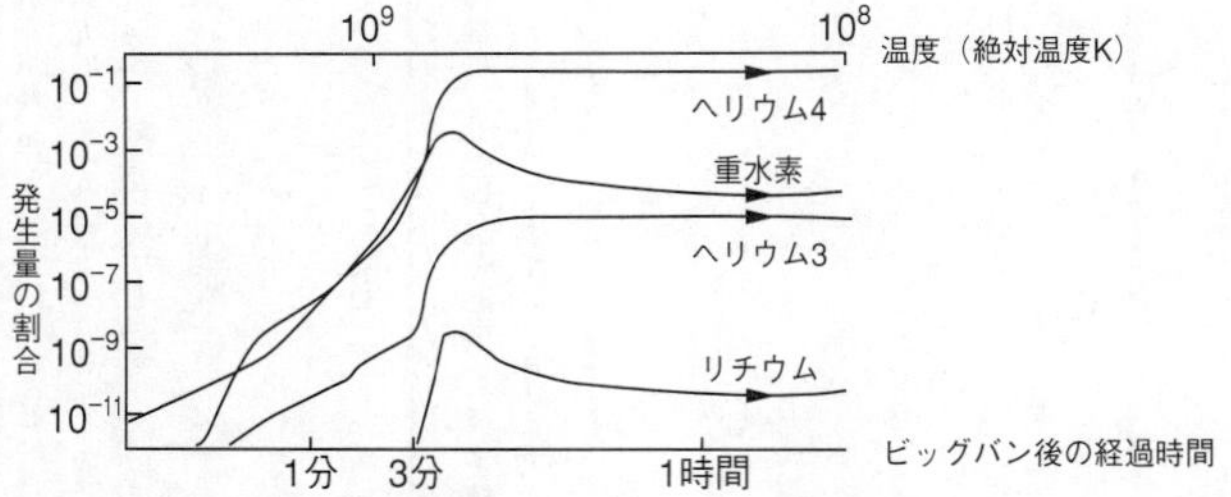

図3.2　ビッグバン後の軽元素の原子核の発生過程（ジョン・バロウ『宇宙が始まるとき』より、一部改変）

役割を果たしたのはガモフ*である。

宇宙の〝始まり〟は大爆発（ビッグバン）によって起こり、それによる超高温、超高密度の状態から膨張を続けて今日の宇宙ができたとする「ビッグバン理論」は、一九六五年のマイクロ波宇宙背景放射の発見や元素の存在比率の検討などの〝証拠〟によって、現時点においては、疑う余地のない宇宙論と考えられている。

このビッグバン宇宙論の二一世紀初頭における理解の概略を以下に述べよう。

宇宙創造のビッグバン直後の宇宙にはすべての素粒子が質量のない状態で飛び回っていた。ビッグバン後、一〇万分の一秒ぐらいたつと宇宙はヒッグス*粒子で満たされるようになり、物質の基本構成粒子であるクオークや電子などに作用して質量を授けた。クオークはほぼ光速で自由に飛び回り、塊というものはなく〝混《こん》沌《とん》〟の状態である。およそ一万分の一秒後になると温

ヒッグス粒子
イギリスの物理学者・ヒッグス（Higgs）によって提唱されたクオークに質量を付与すると考えられている未確認の素粒子。

核反応
原子核が他の原子核あるいは中性子や陽子、電子などと衝突して、新しい原子核に変換する現象のこと。

度は約一兆度まで下がり、クオークが固まり始めて陽子や中性子が出現する。

約一〇〇秒後には、宇宙の膨張によって温度も密度も急激に低下し、原子核が形成され始める。そして、およそ三分後には陽子と中性子からヘリウム、重水素、リチウムといった軽元素の原子核が次々と生まれる。

ビッグバン後の時間経過と軽元素の原子核の発生量との関係を図3・2に示す。温度が一〇億度以下になると核反応*が激化し、宇宙の歴史の最初の三分間で、宇宙の物質の〝素〟が形成された様子がわかる。しかし、この時点でも一〇億度という高温のために、原子核と電子は一体化することができず、物質の〝素〟はバラバラのプラズマ状態になっている。その後、膨張する宇宙の温度と密度が急速に低下するため、核反応は終息する。

核反応の終息後、約一〇万年の時間が経過すると宇宙空間を飛び回っていた電子が水素やヘリウムの原子核に捕えられ、この時点でやっと中性原子が出現する。それから約二〇万年後になると宇宙の温度は四千度ほどまで低下し、水素原子が主成分となって宇宙空間を満たすのである。

その後もわれわれの宇宙は膨張を続け、そして同時に温度を低下させ続け、その過程で、この地球上には九二種の元素、そして生命が生成されたのである。

ちなみに、現在の宇宙空間の温度は絶対温度で約三度（セ氏マイナス二七〇度）である。

ところで、図3・3は、地球から二〇〇万光年のかなたにあるアンドロメダ星雲の望遠鏡写真であるが、これは二〇〇万年前にアンドロメダ星雲を発した光の像ということだ。つまり、図3・3は二〇〇万年前のアンドロメダ星雲の姿を示すものなのである。われわれは、二〇〇万年前の過去の姿を見ているのである！

それから二〇〇万年後の〝いま〟も、このアンドロメダ星雲が存在しているという保証はない。アンドロメダ星雲の〝いま〟の様子は、二〇〇万年後になってみなければわからない。

最近、百数十億光年先の宇宙の様子を写し出すハッブル宇宙望遠鏡の像が新聞などに掲載されることがしばしばあるが、そこに写っているのは、百数十億年前の過去の

ホイル（Hoyle, Sir Fred）一九一五－二〇〇一。イギリスの天文学者。爆発（火の玉）宇宙論に異議を唱え、宇宙の「誕生」を必要としない定常宇宙論を提唱した。

図3.3　アンドロメダ星雲

宇宙の姿である。地球が誕生した四五・五億年前、地球に生命が誕生した約四〇億年前よりはるか大昔の過去を、いまわれわれは見ている。なんと気が遠くなる話ではないか。そして、雄大で、胸がわくわくするようなロマンティックな話ではないか。ちなみに、この地球上にヒトらしきものが現れたのは五〇〇万年ほど前のことである。

定常宇宙論

「ビッグバン説」に異議を唱えていたホイル*らケンブリッジ大学のグループは「宇宙には始まりも終りもない」とする「定常宇宙論」を一九四八年に主張した。ホイルらの主張の原点は、ビッグバン宇宙論の「初期特異点」に対する不満である。その〝点〟はいわば一切の物理法則が通用しない「物理的特異点」であり、そのようなモノを導入しなければならないのは「科学」

に反する、というわけである。さらに、宇宙に「誕生」があったとすれば、そこには「神」が介入せざるを得ず、それは科学的な研究に宗教を持ち込むことで、とても容認できるものではないということである。

この「定常宇宙論」がいかなるものであるかをまず「ビッグバン宇宙論」の創始者ともいうべきガモフの科学啓蒙書『トムキンスの冒険』(35)から引用してみよう。それはホイルの歌として語られている。

神かけて、宇宙は
　昔のあるときに生まれたのではない。
ボンディ、ゴールド、それに私の言うように
過去、現在、未来を通じて存在する。
　おお宇宙よ、常に同じであれ！
　われらのとなえる定常状態に！
年とった銀河は分散し、燃えつきて
舞台から消え去っていくが、

それにもかかわらず、この宇宙は
過去、現在、未来を通じて存在する。
　おお宇宙よ、常に同じであれ！
　われらの唱える定常状態に！

それにとってかわって、新しい銀河が
　前と同じように無から創造される。
（怒りなさるな、ルメートルよ、ガモフよ）
前にあったものは、常にそこにあるのだ。
　おお宇宙よ、常に同じであれ！
　われらのとなえる定常状態に！

　つまり、ホイルらが主張するところによれば、物質（宇宙）は過去のある特定の瞬間（特異点）に生成されたのではなく、常に、膨張によって生じる（彼らも「膨張宇宙」は認めている）希薄化を埋めるように物質が生成され宇宙の物質密度は一定に保たれている。つまり、宇宙は無限の過去より存在し、永久に続くのである。

実は誠に面白いことに、「ビッグバン」という言葉を作ったのは〃宇宙「火の玉」爆発起源論〃者のルメートルやガモフではなく、この「定常宇宙論」者のホイルだった(32)、(34)。

一九五〇年、イギリスのBBC放送が『宇宙の性質』と題するシリーズ番組を放送したが、この時の解説者がホイルだった。ホイルは、この番組で、宇宙が過去の「特異点」で高密度の状態から膨張して生まれたとする宇宙論（今日の「ビッグバン宇宙論」）を冷やかすために「ビッグバン（big bang）」という新語を作ったのである。“bang”というのは、子供がおもちゃの鉄砲を持って「バーン、バーン」という時の「バーン（bang）」である。ホイルの〃皮肉〃が感じられるであろう。

「科学」の限界

物事にはすべて「起源」があるはずである。少なくとも、そのように思うのが、われわれの「常識」であるし、事実、現代までわれわれの人知の蓄積であるところの科学が、それを「常識」とすることを許している。

物質や宇宙の起源は、本書で縷々《るる》述べてきたように、自然科学における長年の最大関心事の一つである。長い間、宇宙は悠久不変のものと考えられていたが、二〇世紀になってからの自然観革命、宇宙・物質科学分野の観測・測定技術の発展、そしてそれらを基盤にして発展した宇宙論が、宇宙は定常不変ではなく変化してきたものであり、現在も変化を続けていることを明らかにした。また、一般相対性理論によって、空間も時間も物質と同様に運動し、変化することが認識されるようになった。

宇宙の起源については、われわれの知識はいまだに十分とはいえないが、宇宙は特異点（ビッグバン）から始まったと考えて間違いなさそうである。しかし、繰り返し述べたように、われわれが知るのは、あくまでも〝われわれの宇宙〟である。宇宙が〝一つ〟であるという確証はまったくないし、その確証を得ることは不可能であろう。

一九五七年、アメリカのプリンストン大学の大学院生だったエヴァレット*は量子論を宇宙のスケールにまで拡大し「並行宇宙論」を提唱した。

これは、図3・4に示すように、特異点（それが〝ビッグバン〟とすれば、およそ一五〇億年前のことである）において一つの状態から〝始まった〟宇宙は絶えず枝分れして無数の「並行宇宙」になるというものである。図3・4でAが現在の〝われわれ〟の宇宙だとすれば、まったく別の無数の宇宙が同時進行しているのである。また、〝われわれ〟の宇宙の〝現在〟という時間が他の宇宙の〝現在〟でもある理由は何もないだろう。別の宇宙（例えば〝あの世〟）は、それぞれ別の時空を持っていると思

エヴァレット（Everett, Hugh）
一九三〇―一九八二。アメリカの物理学者。プリンストン大学の大学院生だった一九五七年に量子力学の「多世界解釈」を提案した。

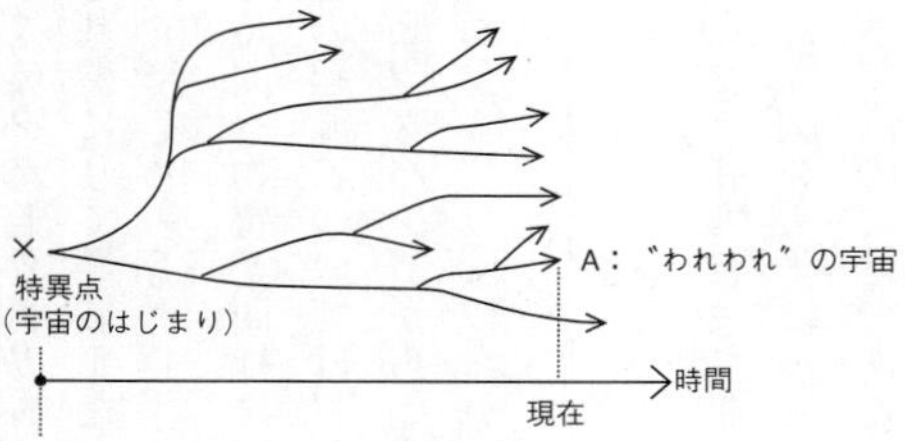

図3.4　エヴァレットの並行宇宙

われる。

並行宇宙は、一つの特異点から枝分れしたものだけに限定する必要はないだろう。図3・5に示すように、異なる時空における複数の特異点（ビッグバン？）から創成された並行宇宙も考えられる。また、「時間」軸の″向き″も必ずしも同じである必要はないだろう。複数の異なる「時空」において複数の「並行」宇宙が存在すると考えてもよい。

さて、複数の宇宙が同時進行しているとすれば、他の宇宙はどのようなものだろうか。われわれは、そこへ旅することができるのだろうか。

この点だけははっきりしている。

並行宇宙はそれぞれが完全に孤立しており、少なくとも現在われわれが持っている能力、技術では、互いの情報交換は不可能だから、他の宇宙のことは知る由《よし》もないし、他の宇宙へ旅することも不可能である。

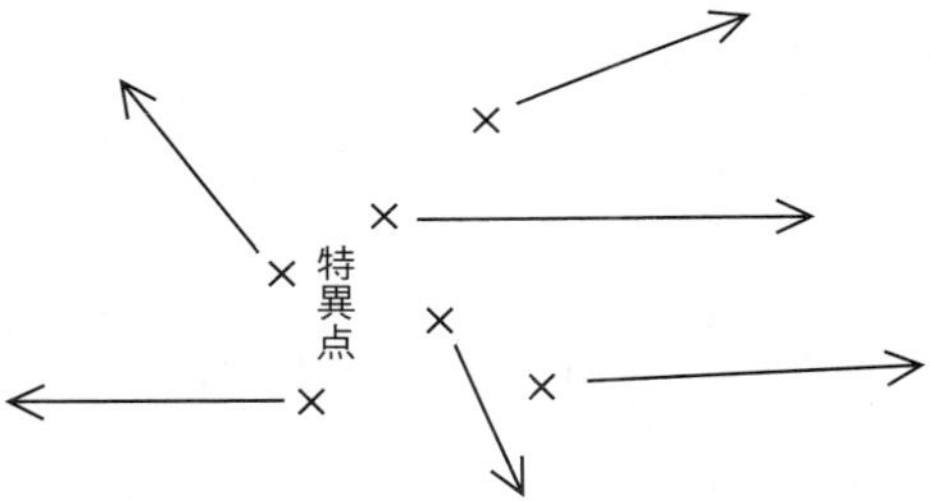

図3.5　複数の特異点からの複数の並行宇宙

それでは、他の宇宙はどこにあるのだろうか。

それは、われわれの宇宙から一センチメートルの至近距離にあるのかも知れない。あるいは無限遠にあるのかも知れない。しかし、それがたとえ一センチメートルの距離にあっても、そこに行き着くのは不可能であろう。それは、われわれが存在する「この世界」「この空間」で測られる距離ではないのである。

いずれにせよ、〝われわれ〟の宇宙と完全に無関係の宇宙について、われわれが〝われわれ〟の科学と技術によって理解すること、そして実証することは不可能である。

さて、〝われわれ〟の宇宙については、いままで述べたように主として「ビッグバン宇宙論」と「定常宇宙論」で説明されてきたが、現時点で、〝われわれ〟が集めた「証拠」によれば、ほぼ一〇〇％「ビッグバン宇宙論」が確からしい。

しかし、「ビッグバン宇宙論」の出発点は、〝われわれ〟の一切の物理法則が適用できない「特異点」であり、それを〝われわれ〟の科学で説明するのは不可能なのである。はっきりいえば、宇宙創成の〝瞬間〟、宇宙の〝起源〟を人間が人間の言葉、智恵《ちえ》で説明することはできないであろう。われわれの科学が説明しているのは、あくまでも、宇宙創成の瞬間から10^{-43}秒（プランク時間）以後のことであり、宇宙が10^{-33}センチメートル（プランク長さ）にまで膨張した以降のことなのである。

また、「定常宇宙論」にせよ、それは結局、無から有が生まれることを容認しなければ成り立たない理論であり、〝われわれ〟の科学はそれを許しはしない。

現在、これらの宇宙論の難点を何とか〝われわれ〟の科学、物理で解決すべく「インフレーション理論」「大数理論」「無境界仮説」「超ひも理論」[17]などが提案されてはいるが、いずれにせよ、「宇宙創成」を〝われわれ〟の実験室で再現、実証、確認するのは不可能であり、いくら数式で飾ったとしても、結局のところ形而上学《けいじじょうがく》的な「学説」にならざるを得ないのではないだろうか。

科学者の端くれとして内心忸怩《じくじ》たる思いもあるが、私には、宇宙創成、物質創成の〝瞬間〟つまりそれぞれの〝起源〟については人智を超えた〝何か〟（それを「神」と呼んでもよい）に委《ゆだ》ねなければならないように思われる。

第三章のまとめ

●ギリシャ神話、日本神話によれば、ともに「カオス（混沌）」から宇宙、大地が生まれた。

●ユダヤ教、キリスト教の原典『旧約聖書』によれば、神が「無」から天地を創造した。

●古代以来、宇宙論の原点は思弁的無限宇宙論である。

●ガリレイ、ケプラー、ニュートンらの近代科学者が思弁的無限宇宙論を科学的無限宇宙論にまで高めた。

●現代科学は「ビッグバン」を起源とする膨張宇宙論を支持する。

●現在、さまざまな「宇宙論」が提案されているが、それを〝われわれの科学〟で実証するのは不可能に思われる。

第四章　われわれの世界

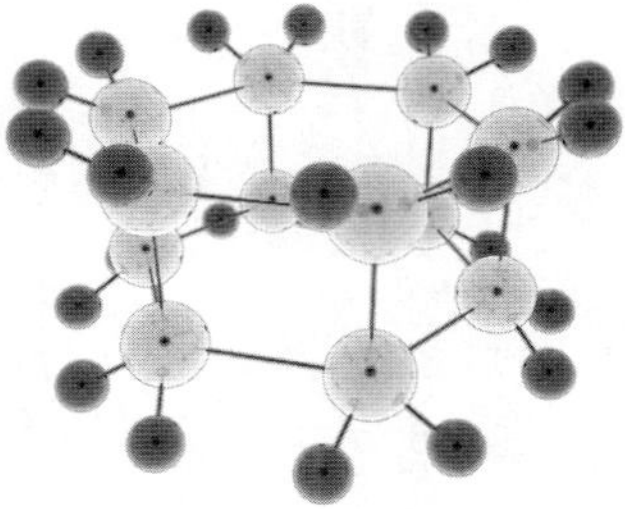

前章までに、われわれは原子、素粒子の想像を絶する極微《きょくび》の世界と、宇宙の想像を絶する極大の世界がいかなるものであるかを見てきた。それら両極の世界は、もちろん、独立して存在するものではなく、またそれらの世界の間に断絶があるわけでもない。それらは連続しているのである。そして、生物、無生物を問わず、われわれ人類を含むすべての物体は、当然のことではあるが、それら両極の世界の中の〝産物〟である。

本章では、われわれの世界がいかなるものであるか、客観的に眺めてみようと思う（実は後述するように、この「客観的」ということも一筋縄ではいかないのであるが）。

第六章以降、本書のテーマである「物質」と「生命」の後者について述べるが、本章と次章を「物質」と「生命」とをつなぐ章と考えていただきたい。

自然界の大きさ

意識するか否《いな》かに拘《かか》わらず、われわれは素粒子の極微の世界から宇宙の極大の世界の中で生きている。その両極の間の〝自然界〟にはさまざまな大きさの物が存在する

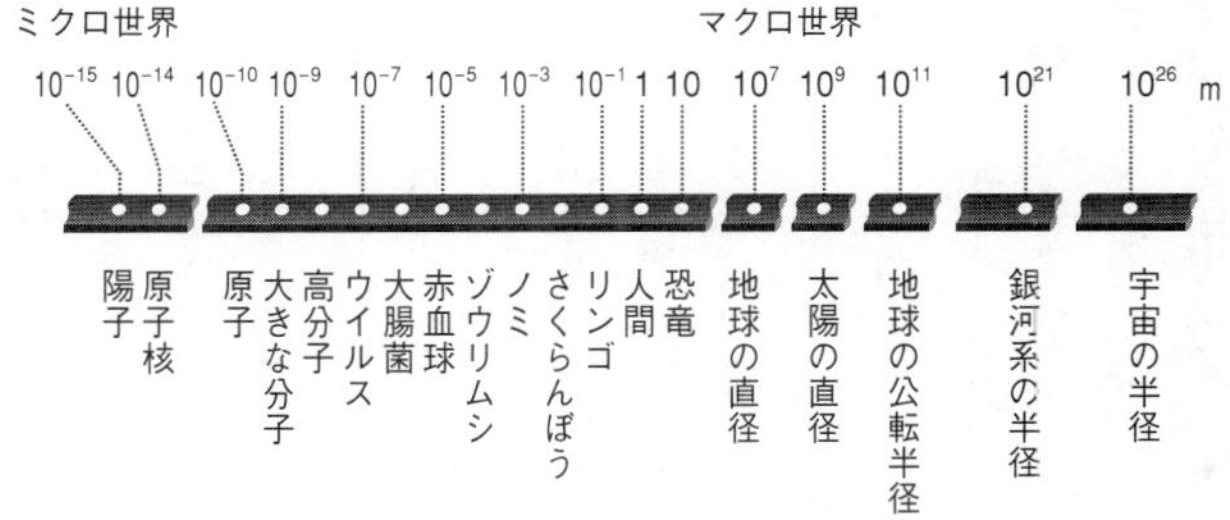

図4.1　自然界の物の大きさの比較（原康夫『量子の不思議』中公新書、1985より、一部改変）

が、それらが〝大きい〟か〝小さい〟かは相対的なものである。

40ページで触れた『吽字義《うんじぎ》』の中で、空海は物の大きさや量が相対的であることを「ガンジス河の砂粒の数も、宇宙の広がりを考えれば多いとはいえず、また全自然の視野から見れば、微細な塵芥《じんかい》も決して小さいとはいえない」と述べている⒃。つまり、人間の認識の基準はあくまでも相対的なものであり、相対的な基準を尺度としたのでは、真の自然、世界を見極めることはできない、と戒めているのである。

ここで、自然界の物の大きさを比較してみよう。われわれが物の大きさを考えるには、われわれの〝日常的な長さ〟であるメートル（m）を基準単位にするのがよい。人間の大きさのオーダーを1（m）として、自然界のさまざまな物の大きさを指数の物差しで比較すると図4・1のようになる。

数値を指数で表わしてしまうと、その大きさに実感が湧《わ》かないが、例えば、われわれの宇宙の大きさ（仮想的な球状とした場合の半径）は102ページに記したように、

1.5×10^{26} m

＝150000000000000000000000000 m

である（このように〃0〃を並べても、あまりに巨大すぎて実感が伴わないかも知れないが）。日常的な感覚では極めて大きな物体と思われる地球の半径ですら、

6357000 m

である。銀河系、ひいては宇宙は、まさに想像を絶する大きさであることが、少しは感じられるのではないだろうか。

また、小さい方では、すべての物質を構成する原子の大きさは、55ページで述べたように、一〇〇億分の一メートル、つまり、

10^{-10} m＝0.0000000001 m

である。われわれの日常感覚からすれば、一メートルの一〇〇億分の一という大きさは想像を絶するほど小さい。現時点でのアトモスであるクオークはさらに六桁《けた》ほども小さいのである。究極のアトモスと考えられる〃量子ひも〃（50ページ参照）にいたっては10^{-35} mである。

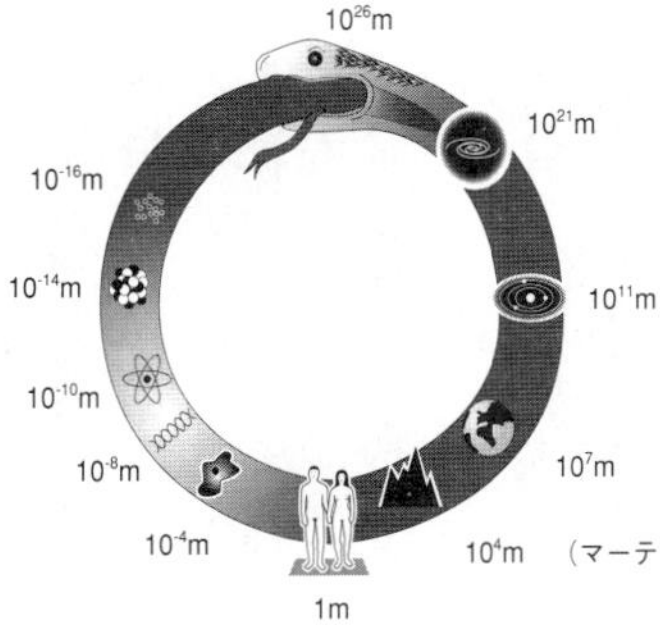

図4.2　ウロボロスの蛇
（マーティン・リース『宇宙を支配する６つの数』草思社、2001より、一部改変）

われわれの周囲にも自然界にも、図４・１に示すようなさまざまな大きさの物があるが、物理の世界では一般に、原子の大きさ程度以下の世界を微視的（ミクロスコピック）世界、略して「ミクロ世界」と呼んでいる。一方、われわれの日常的な感覚に合致する〝普通の大きさ〟の世界から宇宙規模の巨大な世界までを巨視的（マクロスコピック）世界、略して「マクロ世界」と呼ぶ。この中間の世界が「メゾスコピック世界」と呼ばれるが、それぞれの境界は必ずしも明確ではない。

いずれにせよ、「ミクロ世界」から「マクロ世界」は互いに密接な関係を保ちながら連続的につながっているのである。それを象徴的に示すのが、図４・２に示す「ウロボロスの蛇」と呼ばれるものである。それは『ブリタニカ百科事典』では「古代エジプトとギリシアで、破壊と再生の象徴とされた蛇。自分の尾を口にくわえ、自分を呑《の》みこみながら、絶え間なく自分を再生させている。……物質と精神を含めた万物の統合を意味し、いかなるものも消滅することはなく、破壊と再生を繰り返しながら、永久に形状を変えていくという考えを表す」と説明されている[36]。

古典物理学と量子物理学

二〇世紀には「自然観革命」[29]が起こったといわれるが、それは具体的には現代物理学（相対性理論と量子論）の誕生を指す。

現代物理学に対比されるのが、一九世紀末までに確立されていたニュートン力学、電磁気学を基盤とする古典物理学である。もちろん、物理学に〝古典〟が冠せられるようになったのは〝現代〟物理学が誕生してからのことである。

古典物理学は、人間的スケールから宇宙スケールまでのマクロ世界の諸現象を見事に説明するし、また見事に予言もする。

しかし、二〇世紀に入り、観測技術の進歩に伴って、原子や電子などミクロ世界の研究が盛んになると、従来の物理学、つまり〝古典〟物理学ではどうしても説明できない問題（難題）が続出した。

このミクロ世界の新しい難題を説明するために考え出されたプランク（95ページ参

照）の「量子論」が現代物理学（量子物理学）誕生の端緒となった。

もちろん、古典物理学も量子物理学も、同じ自然を扱うのだから、その両者に矛盾はない。また、われわれの身体《からだ》自体、マクロ世界の存在ではあるが（図4・1、4・2）、その身体は、ミクロ世界に属する原子、素粒子で形成されているのである。そのようなミクロ世界の〝素材〟とマクロ世界の〝身体〟との間に〝断絶〟あるいは〝矛盾〟があったら、われわれは自分自身のことも、自然界のことも、わけがわからなくなってしまうだろう。

もう一度、繰り返す。

マクロ世界の現象を説明するのが古典物理学であり、ミクロ世界の現象を説明するのが量子物理学であるが、その両者間に矛盾は存在しない。古典物理学は量子物理学に包含されるのである。

量子論の世界

量子論が扱うのはミクロ世界であるが、具体的には物質のミクロ世界の現象を説明するものである。

この量子論の世界には、われわれの「常識」や日常的な感覚からは理解できないよ

うな、具体的には、われわれが慣れ親しんだ「古典物理学」では説明できないようなさまざまな現象が登場する(37)。例えば、

（i）自然界のエネルギーは連続しておらず、とびとびの値をとる
（ii）光は波でもあり粒子でもある
（iii）物質（粒子）は波の性質を持っている
（iv）物質（粒子）の存在は確率的にしか予測できない
（v）互いに矛盾する状態、例えば〝生きている状態〟と〝死んだ状態〟とが共存する

などなどである。これらは、いずれも「古典物理学」では説明できないことである。また、われわれの「常識」からも、簡単には受け入れにくいことであるが、このようなミクロ世界のさまざまな現象は幾多の〝科学的〟実験によって確認されている。

何度も述べるように、量子論が扱うミクロ世界は、マクロ世界を基準にすれば想像を絶する極微の世界である。そう考えると、ミクロ世界で起こる現象が、マクロ世界における現象と比べ、はなはだ「異常」であっても、それは当然ではないか。不可思議な世界で、不可思議なことが起こることは、少しも不可思議なことではないのではないか。われわれの「常識」を基準にするから不可思議に思えるだけである。

以下、本書の主題である「物質」と「生命」に密接に関係すると思われる〝量子論

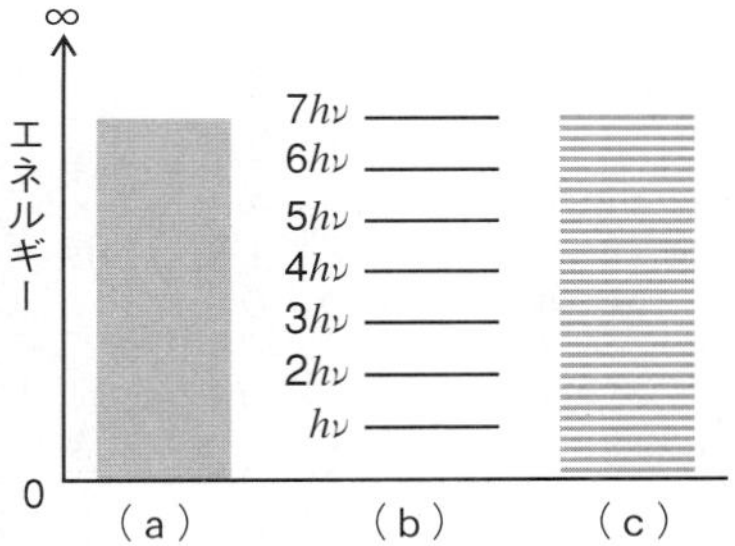

図4.3　連続的エネルギー（a）と非連続的エネルギー（b）、（c）

の世界の現象〟の(i)、(iii)、(iv)について簡単に説明しておく。詳細については前掲の参考図書(37)などを参照していただきたい。

とびとびのエネルギー

まず「自然界のエネルギーは連続しておらず、とびとびの値をとる」ということだが、実は、このことが量子論の「量子」の所以《ゆえん》なのである。

エネルギーに限らず、物事を連続的に考えることは古典物理学の大前提である。事実、われわれのマクロ世界においては、物体の運動もエネルギーもすべて連続的である（以下の説明のあとでは「連続的に見える」と書き改めなければならないのだが）。

例えば、連続的エネルギーと非連続的（とびとびの）エネルギーを図示すれば図4・3のようになる。図の縦軸はゼロ（0）から無限大（∞）までのエネルギーの大きさを示している。横軸には特別の意味はない。

(a)は連続的（古典物理学的）エネルギーを示しており、この場合、0から∞まで途切れがなく、この間のどんなエネルギーをとることも可能である。このようなことは、自分自身が持つエネルギーやストーブの熱エネルギー、走行する自動車などを考えてみても何ら理解し難いことではないだろう。エネルギーの値に〝途切れ〟があるということは、そこではエネルギーが〝ない〟という状態になってしまうことであり、このようなことは、われわれの「常識」では考えにくい。

ところがミクロ世界の粒子（量子論的粒子）が有するエネルギーは(b)に示すように〝とびとび〟（非連続的）なのである。そして、その〝とびとび〟のエネルギー間隔は〝$h\nu$〟であることがわかっている。この〝h〟は「プランク定数」と呼ばれる定数で、〝ν〟は次項で述べるように波動性を持つ粒子の振動数を意味する（このあたりの議論に興味のある読者は巻末に掲げる参考図書(37)、(38)などを参照していただきたい）。つまり、ミクロ世界では、エネルギーの授受が、この〝$h\nu$〟という〝エネルギーの塊〟を単位として行なわれる。そして、このような〝エネルギーの塊〟を「量子」と呼んだのである。これが「量子論」「量子物理学」の原点である。

図4・3の(b)のhの値を小さくしていくと、(c)に示すように、エネルギーのとびと

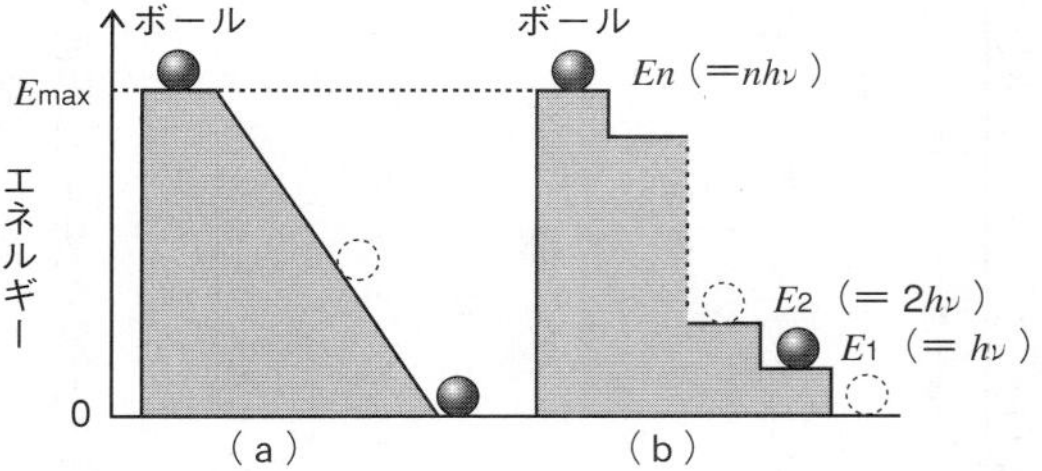

図4.4　連続的（古典物理学的）エネルギー（a）ととびとびの（量子論的）エネルギー（b）

びの間隔が次第に狭くなり、hが限りなく0に近づければエネルギーの〝非連続性〟が消え、古典物理学の連続的エネルギー(a)と同じになる。また、(c)を私のような近・乱視の者が眼鏡を外して見れば、(a)との区別がつかない。つまり、間隔$h\nu$が無視できるほどの尺度で考えれば（実は、そのような世界がマクロ世界なのである）、量子物理学と古典物理学とが合体する。

量子論の最大の特徴は、エネルギーをとびとびの〝塊（量子）〟として扱うことである。このような〝とびとびの値をとること〟を〝量子化されている〟という。

この〝量子化〟の概念を図4・4で確認しておこう。

ボールが持つエネルギーE（位置エネルギー）を考える。ボールは高い位置にある時ほど大きなエネルギーを持つ。(a)はマクロ世界で、ボールはスロープ上を移動し、$0 \leqq E \leqq E_{max}$のいかなるエネルギーも連続的に持つことができる（ボールのエネルギーEは〝量子化されていない〟）。一方、(b)はミクロ世界であり、ボールは$h\nu$の高さのステップから成る階段上を移動する。ボールはステップ以外の場所には留まれないから、ボールが持つエネルギーEは、$0 \leqq E \leqq E_{max}$の範囲で$h\nu$の整数倍$nh\nu$に限られる。つまり、ボールが持つエネルギーEは〝量子化されている〟。ボールの大きさがステップの高さ$h\nu$を無視できるほど大きければ（つまり、マクロ世界のことである）、(b)の階段は実質的に(a)のスロープと同じものになる。すなわち、量子論の世界（ミクロ世界）から古典物理学の世界（マクロ世界）に入ることになる。

粒子の波動性

物理学が扱う運動の代表的なものは、粒子（物質）と波（現象）の運動である。われわれが日常的に経験するのも同様で（だから、「物理」は本来、身近なものなのである[39]）、前者の身近な例としては野球やサッカーのボールの運動が挙げられる。後者の例としては空気中を伝播《でんぱ》する音がある。

例えば、図4・5に示すように、一個のボール（粒子）が窓Aを通過したならば、そのボールは窓Bを通過していない。逆の場合も同様である。つまり、マジックの世

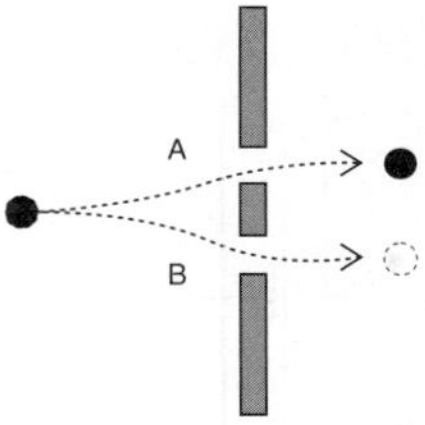

図4.5　ボール（粒子）の運動

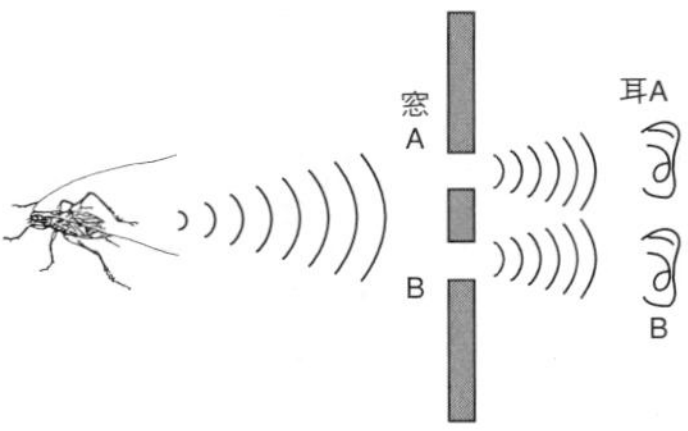

図4.6　波（音）の伝播

界は別にして、現実の世界でボールが窓Ａと窓Ｂを同時に通過することはないのである。いま、〝当り前〟のことをわざわざ述べたのであるが、これが物体（粒子）の運動の特徴なのである。

一般的に、物体（粒子）は客観的に存在するものであるし、その存在は局在的である。つまり、ある物体（粒子）が、ある時刻に、ある場所に存在したら、その物体が同時に他の場所には存在できないのである。われわれ自身の肉体のことを考えてみても、この〝局在性〟は当然すぎるほど当然のことであろう。

一方、波の運動（伝播）は粒子の運動と極めて対照的である。例えば、図４・６に示すように、窓の外のスズムシの〝鳴き声〟（実際は羽の振動が発する音）は、窓Ａ、窓Ｂを同時に通過して部屋の中に入ってきて、耳Ａにも耳Ｂにも聞こえる。つまり、波の運動の特徴は複数の場所を同時に通過できることであり、波には

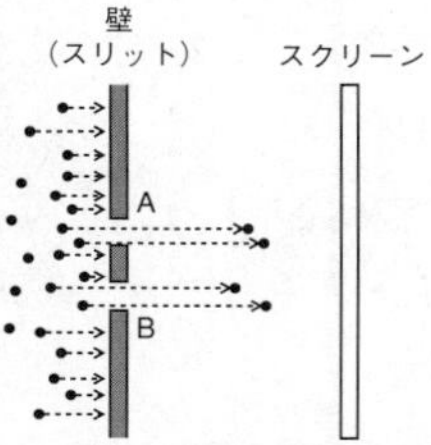

図4.7　スリットを通過する粒子

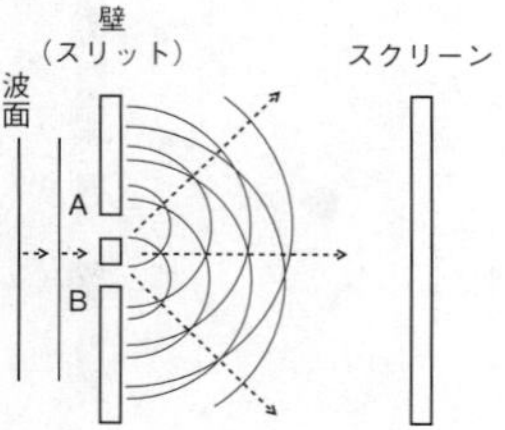

図4.8　スリットを通過する波

局在性がないことである。

粒子と波の特徴をさらに確認しておきたい。

図4・7に示すように、多数の粒子（小さなボールと考える）がA、B二個の隙間《すきま》（スリット）がある壁に向かって進むとすると、この壁を通過できる粒子はAあるいはBのスリットを通過したものに限られる。もし壁（スリット）の先にスクリーンを置いておけば、そのスクリーン上には通過した粒子の衝撃による何らかの、局在的な痕跡《こんせき》（粒子がインクのようなものだったら〝色〟）が得られるはずである。また、その痕跡によって、粒子の局在性が明らかになるはずである。

一方、波の場合は、図4・8に示すように、A、B両方のスリットを同時に通過し、A、Bを新たな波源として拡《ひろ》がって干渉*する[38]。

粒子（図4・7）と波（図4・8）、それぞれの場合のスクリーン上の様子（分布）を模式的に描いたの

干渉
波に特有の現象。二つ以上の波が重ね合わせによって、強め合ったり、弱め合ったりする現象のこと。

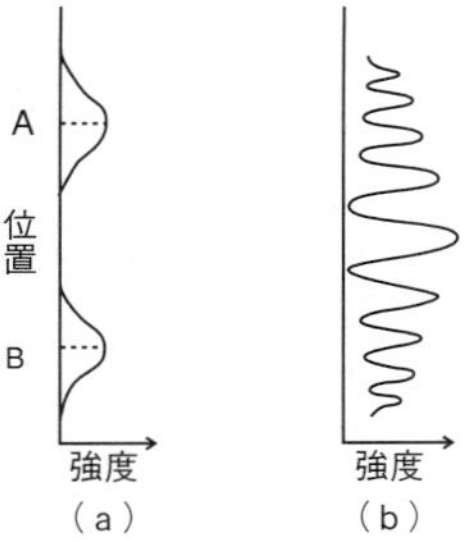

図4.9　スリットを通過する粒子（a）と波（b）

が図4・9である。横軸はそれぞれの〝強度〟、縦軸はスクリーンの位置を表わす。

粒子の場合の特徴は、二個のスリットに対応した二個の〝強度の山〟がスクリーン上に現われることである。スリットがn個あれば、n個の〝山〟が現われるであろう。

一方、波の場合は、二個のスリットから(b)に示すような複数の〝山〟（これを干渉縞《じま》と呼ぶ）が現われる。このような干渉という現象は粒子の場合は起こり得ない、波ならではの現象である。逆にいえば、〝干渉を起こすもの〟は波なのである。

さて、本項の「まえおき」がだいぶ長くなってしまったのであるが、以上の〝粒子〟と〝波〟はマクロ世界での話である。

ところが、結論を先にいえば、誠に不可思議なことに、ミクロ世界の量子論的粒子は、〝粒子〟でありなから〝波〟の性質（波動性）をも同時に示すのである。これを量子論的粒子の二重性と呼ぶ。

図4・7に示したような状況で、二重性を持つ量子論的粒子（電子や光子など）が二個のスリットを通過するとどのようになるだろうか。マクロ世界の粒子の場合は、スクリーン上に図4・9(a)のような強度分布が得られることは既に述べた通りであり、このことは日常感覚的にも容易に理解できるだろう。

しかし、量子論的粒子の場合には、何と、図4・10(a)に示すような〝干渉縞〟（図4・9(b)）が現われるのである（これは実験的にも確かめられている）。このことは、量子論的粒子が〝波動性〟を持っていることの動かぬ証拠である（しかし、量子論的粒子が〝粒子〟であることはいうまでもない）。

そして、さらに興味深いことに、図4・10に示すように、(a)→(b)→……と粒子の数を少なくしていくと（具体的には電子線や光の入射ビームの強度を弱くしていく）、干渉縞が消え、つまり波動性が消えて、粒子性（局在性）が現われてくるのである。この図を(d)→(c)→(b)→(a)と逆に考えれば、一個一個の量子論的粒子は波動性を示さないが、ある量以上の集団になると波動性を現わす、ということになる。つまり、図4・10(a)に顕著に示される量子論的粒子の波動性は、いわば〝集団効果〟であり、粒子そ

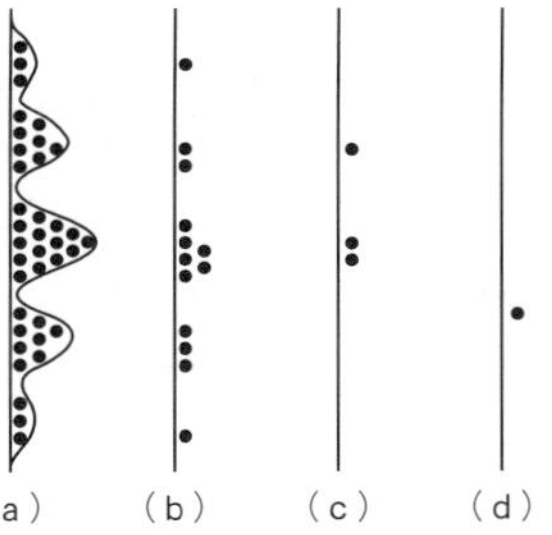

図4.10　2個のスリットを通過する量子論的粒子

のものの属性ではないことになる。確かに、例えば、空気中を伝播する音波という波動は空気分子の集団運動の現象であって、一個一個の空気分子の属性ではない。量子論的粒子の波動性も、このようなものなのだろうか。当然の疑問である。

しかし、結論を先にいえば、量子論的粒子の波動性は集団効果による現象ではなく、一個一個の粒子が波動性を持っているために生じる現象なのである。

図4・10(a)に示されるような干渉縞は、一個の量子論的粒子を多数回照射した場合にも現われることが実験的に確かめられている[40]。つまり、図4・10で(d)から(a)へ、一回に一個の粒子の照射を繰り返し、各回の痕跡を重ね合わせていった場合のことを考えればよい。各回の一個の粒子照射は完全に独立したものなので、集団効果が現われる可能性はまったくない。

以上の事実から、量子論的粒子が粒子性(個々の痕跡がそれを示している）と波動性（重ね合わせの結果の干渉縞がそれを示している）を同時に有していることは明らかである。

ここで、念のために〝波動性〟について注意しておきたい。一個の量子論的粒子がいきなり干渉縞を作るわけではない（干渉縞の原理からしてそのようなことは不可能である）。もちろん、一個の粒子が波の形をしているわけでも、粒子の飛跡が波状になっているのでもない。一個の粒子がスクリーン上のある一点にしか到達しない（図4・10(d)）、つまり局在性を示すという点において、粒子は波ではなく厳然たる粒子である。そのような一個一個の量子論的粒子の粒子性を重ね合わせた時に〝波動性〟が現われるのである。

また、念のために、もう一つ注意しておきたい。

いままで何度も述べたように、われわれの肉体を含むすべての物質、物体を形成するのは究極的には量子論的粒子である。その量子論的粒子が波動性を持つということは、例えばわれわれの肉体や野球のボールも〝波動性〟を持つのだろうか。

その答は「その通り」である。マクロ世界のどのような物体であれ、その〝波動性〟はゼロではない。しかし、物質の〝波動性〟を示す〝波長 λ〟は $\lambda=h/mv$（m は物質の質量、v は運動の速さ）で与えられるから、算出されるマクロ世界の物体の〝波長〟

の値は限りなくゼロに近くなる（例えば、時速四キロメートルで歩く体重一〇〇キログラムの人の〝波動性〟を示す波長λはおよそ7×10^{-36} mである）。つまり、マクロ世界の物体の〝波動性〟は限りなくゼロに近い、ということである。プランク定数hの効果が相対的に大きくなる量子論的粒子（上式中のmとvが極めて小さい）において、その波動性が顕著になるのである。

いま、粒子の波動性について、くどくどと述べたのであるが、後述する「量子論的粒子の確率的存在」と共に、次章で述べる「結晶の生長」、ひいては「生命」の形成を理解する上で、量子論的粒子の〝挙動〟を知ることは極めて重要と考えるからである。

ミクロ世界とマクロ世界とのつながり

われわれの日常的体験や感覚に合致する自然法則、また長年の天体観測の結果を説明する法則、つまりマクロ世界の自然原理を見事に体系化したのが古典物理学（ニュートン力学）であった。それに対し、ミクロ世界の現象を説明し、体系化したのが量子物理学である。

いま述べたように、ミクロ世界の諸現象、量子物理学の世界がわれわれの日常的感覚と合致しないのは、われわれの身体《からだ》もわれわれが日常的に接する物体も、われわれに見える物体もすべてマクロ世界のものだからである（図4・1、4・2）。当然のことながら、それらはすべてマクロ的挙動を示す。

しかし、図2・2（49ページ）で説明したように、われわれの身体も含め、すべての物体を構成するのは原子であり、その原子はミクロ世界の量子論的粒子によって形成されている。つまり、マクロ世界はミクロ世界の集積によって形成されているのである。だとすれば、その両世界間に不連続性が存在することは原理的にあり得ないし、現に、ないのである。両者間に不可解な乖離《かいり》を見るのは、あくまでもマクロ世界に住むわれわれの「常識」なのである。

図4・11(a)は、量子物理学の端緒を開いたプランク（95ページ参照）の肖像写真（印刷）である。(a)のプランクの右目の辺りを順次拡大したのが(b)、(c)である。(a)は中間色（灰色）を含む見事な〝写真〟であるが、その〝写真〟を作り出しているのは、中間色など持たない黒点にすぎないことがわかるだろう。(a)の写真がマクロ世界のものだとすれば、(c)の黒点はミクロ世界のものと考えられる。つまり、〝ミクロ〟の黒点が〝マクロ〟の写真を形成していると考えてよいだろう。

現在までに、およそ一〇〇種類の元素（原子）が発見されており、それらの組み合わせ

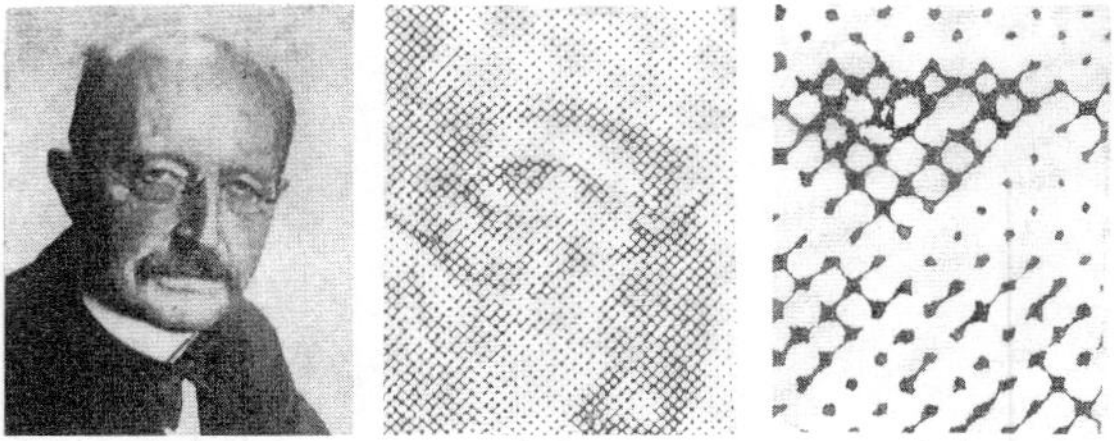

（a）　（b）　（c）

図4.11　白黒写真の〝マクロ世界〟と〝ミクロ世界〟
（志村史夫『したしむ量子論』朝倉書店、1999より）

の結果、自然界には無数の種類の物質が存在している。しかし、それらの〝素材〟である電子、クォークなどの素粒子（図2・2）はすべてに共通であり、まったく同じ性質のものである。例えば、〝水素用の電子〟とか〝シリコン用の電子〟というように、特別の電子があるわけではない。電子は宇宙全体において共通であり、すべて同じであり、まったく区別はつかないのである。このことはちょうど、まったく同じ黒点が、その組み合わせ、集合の仕方の違いによって、無数の像（印刷された白黒写真）を形成するのと同じではないだろうか。カラー印刷やカラーテレビの画像の場合も、〝黒点〟が四色（赤、黄、藍、墨）の点、あるいは〝光の三原色〟の点に代わるだけで、現象としてはまったく同じである。

ここで、図1・1（40ページ）をもう一度じっくり眺めていただきたい。

空海は『吽字義《うんじぎ》』の中で「激しく降る雨は、ちょっと目には、一つの水流のように見えるが、本当は一粒ずつの水滴の集まりである」と述べたのである。その水滴は、水の分子の集まりであり、水の分子は水素原子二個と酸素原子一個の集合体である。マクロ世界に生きるわれわれは日常的に水流あるいは水滴までを意識することはあっても水の分子や水素原子、酸素原子、さらにはクオークまで意識することはないのであるが、それらがすべて〝一連〟のものであるのは事実である。

また、われわれは日常的に、印刷された写真やテレビ画面を見ることがしばしばあっても、それを形成する〝点〟のことを意識しないが、その写真や画面が点の集合体であるのは厳然たる事実である。

マクロ構造は、ひとたびそれが形成されてしまうと、もはや、それを構成している原子や分子のミクロ構造のミクロ的性質を表わすことなく、マクロ構造を作り上げた外的な力、あるいは総体としてのマクロ的性質を示すようになるのである。そのマクロ的性質の法則を体系化したのが古典物理学であり、ミクロ的性質の法則を体系化するのが量子物理学である。

マクロ世界がミクロ世界の集積で成るならば、古典物理学がミクロ世界を説明できなくてもよいが、量子物理学はマクロ世界を説明できなければならない。つまり、図

4・11(a)のような写真を見て、その説明が〝黒点〟にまで及ばなくてもよいが、(c)の黒点は(a)の写真を説明できなければならない。事実、そのようになっている。再度強調しておきたいが、ミクロ世界からマクロ世界まで連続的につながっているし、古典物理学は量子物理学に包含されているのである。

確定と不確定

われわれは、日常生活において〝確定的なこと〟と〝不確定的なこと〟をしばしば経験する。「確定」とは〝確かに決まること、定まって変動しないこと〟であり、「不確定」は「確定」の否定である。例えば、人間が作った〝制度〟として、土曜日の次には日曜日がくることは確定している。しかし、土曜日の時点で、日曜日の天気は確定していない（ある程度の〝予測〟はできるが、その予測が大幅に外れるのは珍しいことではないことをわれわれは知っている）。また、われわれ人間を含むすべての生物がいつかは〝死ぬ〟ということは確定しているが、自殺の場合を除き、いつ死ぬかは不確定である。不治の病で死期を宣告された場合でも、具体的に何年何月何日の何時に死ぬのかは不確定的である。

このように、われわれは皆、〝確定的なこと〟〝ほぼ確定的なこと〟そして〝不確定的なこと〟が入り交じった中で生活している。それが、人生の〝妙〟でもある。

しかし、いま述べた〝不確定的なこと〟は本当に、本質的に不確定的なのであろうか。

例えば、気象の要素は多岐にわたり、それらは複雑な相互作用をしているとしても、個々の要素はそれぞれ独立の確定的因果関係を持っているはずである。それらの要素を究極まで分析すれば、原理的に、〝明日の天気〟のみならず〝一年後の天気〟も確定的に予測できるはずではないか。

このような考えが、因果律というものである。自然現象も社会現象もすべて確定的な因果律に従っている、というのである。それらが〝不確定的〟に見えるのは、われわれの観測、分析、理解が不十分なためである、という考え方である。このことを概念的に描いたのが図4・12である。

思想としての因果律に〝科学的客観性〟を与えたのが一七世紀から一九世紀末にかけて確立したニュートン力学であり、古典物理学であった。この因果律を古典物理学的に簡潔にいい表わせば、物体の運動は、その位置xと速度v、そして運動量P（$=mv$）を記述すれば完全に規定でき、また完全な未来予測もできる、ということになる。つまり、どんな時間tに対しても位置xと運動量Pが確定できるから、過去、現在、そ

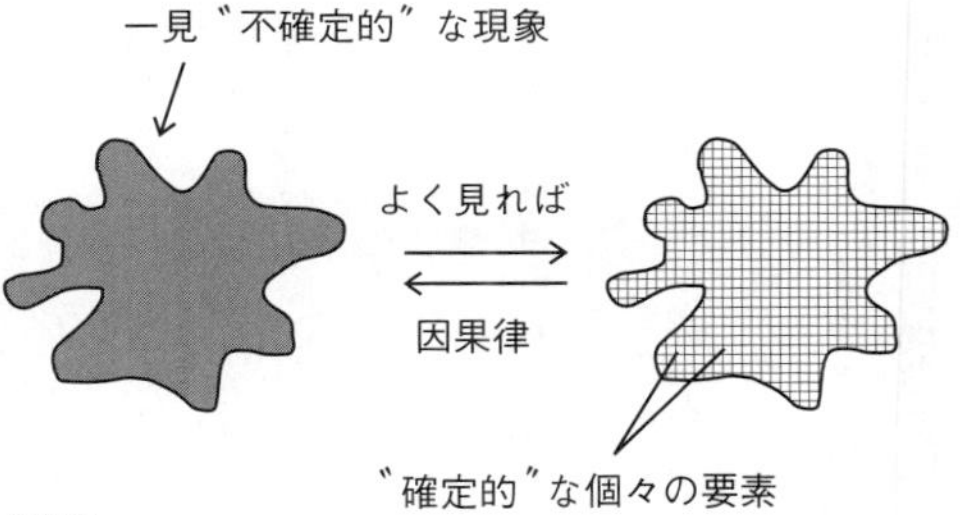

図4.12　因果律

して未来にわたって、物体の運動状態が確定するのである。このような因果律は、完全とはいえないまでも、われわれの日常的な体験に合致することであり、不思議なことではないだろう。

観察と測定

われわれが物体や現象を観察・測定する場合、われわれの五感（五官）を使うが、最も一般的な方法は〝目で見る〟ことであろう。ここで、われわれに物体が〝見える〟メカニズムについて考えてみよう。われわれにものが〝見える〟のは、光のエネルギーが、網膜の感覚細胞、視神経を刺激するからである。図4・13は、われわれの周囲を飛びかうさまざまな電磁波を示す。光（狭義には可視光）は電磁波の一種であり、電磁波（光）のエネルギーは波長（振動数）に対応して求められる。このように、われわれの周囲にはさまざまな波長（エネルギー）の電磁波（広義の「光」）が存在しているのであるが、人類（他の動物でも大きな違いはない）に〝見える〟電磁波（可視光）の範囲は極めて狭い。図4・14に示すように、物体に光（より一般的にいえば、電磁波）が照射されると一部は物体に吸収されたり透過する。また、一部は反射する。いま述べたように、物体に反射された電磁波のうち可視光が、網膜の感覚細胞、視神経を刺激し、その刺激を大脳が認識することで〝見える〟のである。可視光（色でいえば紫から赤までの、いわゆる〝虹《にじ》の七色〟）以外の電磁波は、われわれの視神経を刺激しないので〝見えない〟。

例えば、図4・15に描くように、真《ま》っ暗闇《くらやみ》の中にある時計を懐中電灯で見ることができるのは、懐中電灯を発した光が時計に当たり、その反射可視光が目に届いて網膜の感覚細胞、視神経を刺激するからである。

いま、われわれが有する五感のうちの〝視覚〟で物体を観察する場合のことを述べたのであるが、事実として、われわれに〝見える〟のは全電磁波の中のほんの一部の可視光による「可視の世界」だけである。われわれに〝見えない〟世界（不可視の世界）は実在する。われわれの聴覚についても同様のことがいえる。通常、われわれに〝聞こえるのは振動数が二〇～二〇〇〇〇ヘルツの音に限られるから、われわれに〝聞

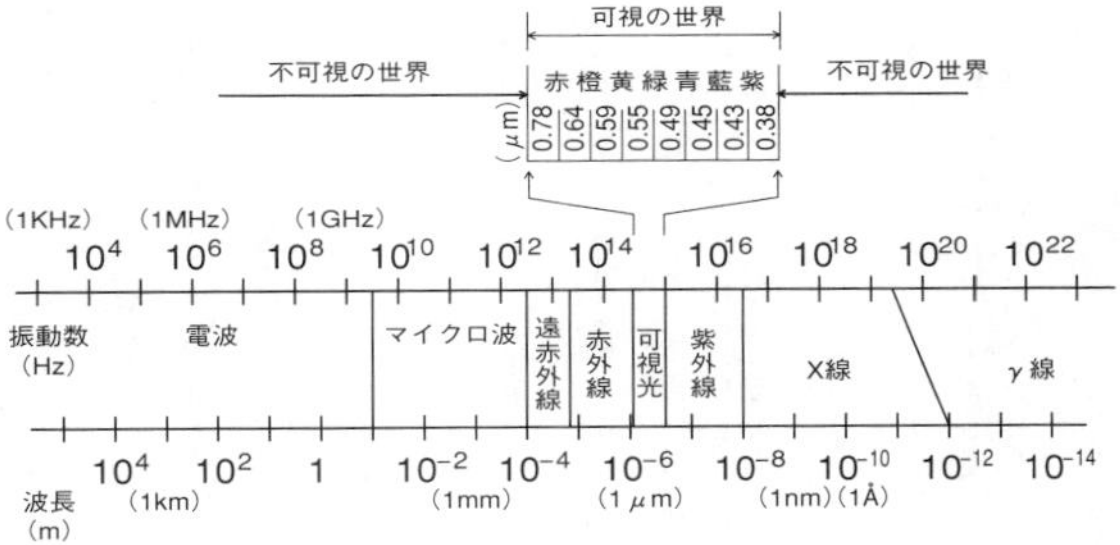

図4.13　われわれの周囲のさまざまな光（電磁波）の波長と名称

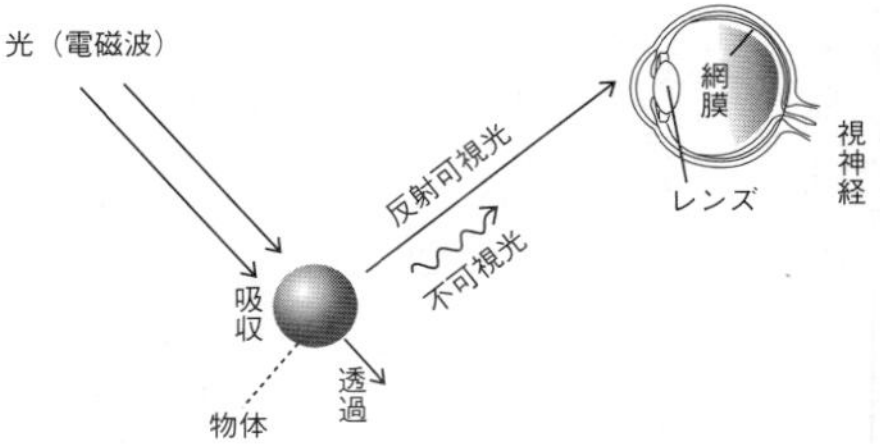

図4.14　物体が“見える”メカニズム

図4.15　暗闇の中の時計の観察

こえない〟世界は現実に存在する。

われわれ人類は今日までさまざまな道具を使って物体や自然現象を観測し、それらに関する知識を蓄積してきたのであるが、それらはあくまでも、われわれの五感で観測できるものに限られている。われわれはわれわれに観察・測定できることだけを観測し、自然、宇宙を理解してきたのである。図4・16に示すように、科学と技術の進歩によって、その範囲は拡大されてはいるが、それはあくまでも、われわれに拡大できる範囲の拡大であって、自《おの》ずとわれわれの観測には限界があり、実在する自然、宇宙の理解には限界がある。われわれは、この〝限界〟をはっきりと認識すべきである。つまり、われわれに〝見える〟世界、自然は極めて狭い範囲の〝一部〟にすぎないのである。可視光以外の〝光〟が形づくっている世界、自然は、われわれが〝見る〟ものとはまったく別のものかも知れない。極微の世界の様子も想像の域を越えるだろう。少なくとも、われわれには見えない（したがって、〝視覚〟では認識できない）世界、自然が存在することは疑うべくもない事実である。

ここで、私が大好きな金子みすゞ*の詩「星とたんぽぽ」を紹介しておきたい。

金子みすゞ（かねこみすゞ）
一九〇三―一九三〇。童謡詩人。本名テル。大正末期、六年間に五〇〇余編の童謡を発表し、西条八十に「若き童謡詩人の巨星」と賞賛された。二六歳の若さでこの世を去った。作品に「大漁」「繭《まゆ》と墓」などがある。

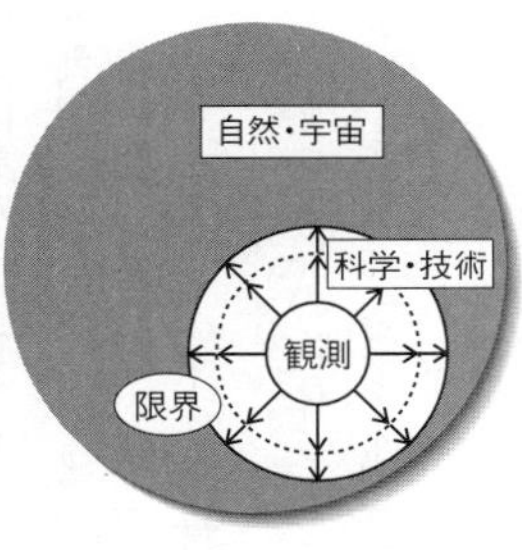

図4.16　われわれの観測の限界

青いお空の底ふかく、
海の小石のそのやうに、
夜がくるまで沈んでる、
昼のお星は眼にみえぬ。
　見えぬけれどもあるんだよ、
　見えぬものでもあるんだよ。

散つてすがれたたんぽぽの、
瓦《かわら》のすきに、だァまつて、
春のくるまでかくれてる、
つよいその根は眼にみえぬ。
　見えぬけれどもあるんだよ、
　見えぬものでもあるんだよ。

私は一人の人間として、特に自然科学者の端くれとして、この詩に接するたびに〝やさしさ〟と〝謙虚さ〟が、自分自身の中に湧《わ》き上がってくるような気持にさせられる。これは私にとって、とても大切な詩なのである。

ミクロ世界の不確定性

マクロ世界の物体（粒子）の位置と運動量は確定しているために運動の予測は一〇〇％正確にできる。月に人間を送って地球に生還させたり、スペースシャトルを打ち上げたり、宇宙ステーションを建設したりできるのは、まさに古典物理学のお蔭《かげ》である。もし、物体の位置と運動量に不確定性が入るとすれば、それは人間の技術、操作が不十分、不適切なためであり、不確定性は原理的なものではない。

図４・15でマクロ世界における光による物体の観察について述べた。懐中電灯で暗闇の中の時計がはっきりと観察できるのは、時計が電灯の光を当てられることによって状態（位置と運動量）を変えないからである。具体的にいえば、懐中電灯の光（エネルギーの一種である）を照射された時計が飛ばされたりしないからだ。それは、時計の質量に比べ、照射される光のエネルギーが無視できるほど小さいためである。

ところが、観察の対象がミクロ世界の量子論的粒子の場合は事情が異なる。

図４・17(a)に示すように、光のエネルギーが粒子の質量（第二章で述べた粒子の大

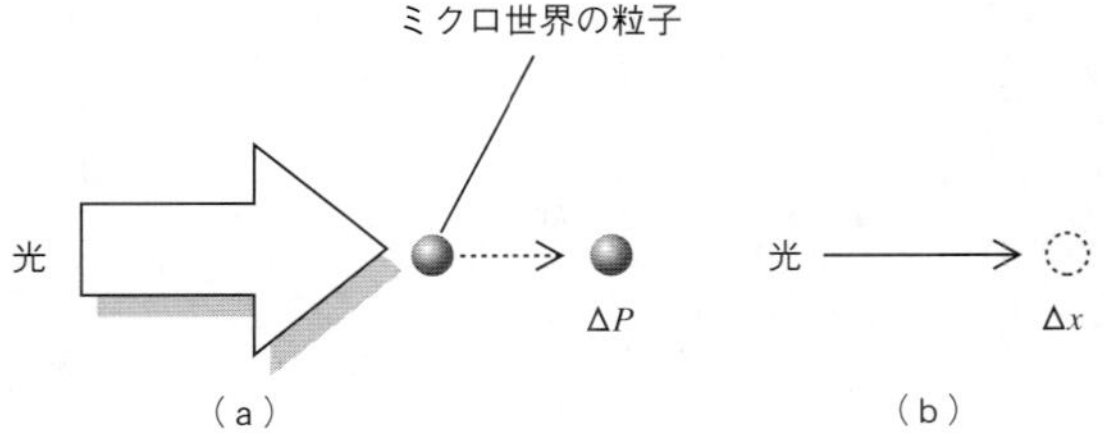

図4.17　ミクロ世界の粒子の観察

きさ、重さを思い出していただきたい）に比べて無視できないほど大きいとすれば、光を照射された粒子は、そのエネルギーに〝押されて〟動いてしまう（物理学的にいえば加速度を得る）だろう。つまり、粒子の運動量 P（$=mv$）が変化してしまう。光が照射される前後の粒子の運動量の差を ΔP とすれば $\Delta P \neq 0$ である。このことは、観察という行為が粒子の状態を変えてしまうこと、つまり正しい観察が行なわれないことを意味する（正しい観察のためには $\Delta P=0$ でなければならない）。

そこで、粒子が動いてしまわないように、つまり、実質的に $\Delta P=0$ となるように、電灯の明るさを暗く（粒子に照射する光のエネルギーを小さく）する。そうすると今度は暗くて粒子が見えにくくなる。つまり、図4・17(b)に示すように、粒子の位置 x を正確に観察することが困難になり、そのための〝位置の不正確さ〟を Δx とす

れば $\Delta x \neq 0$ となってしまう。この場合も正しい観察（$\Delta x=0$）ができないのである。粒子の位置 x を正確に定めるためには、つまり Δx をゼロにするためには電灯を明るく（照射する光のエネルギーを大きく）しなければならないが、そうすると ΔP が大きくなってしまう。しかし、ΔP をゼロにしようとすれば Δx が大きくなってしまうのである。

すなわち、この場合の Δx と ΔP との関係は、ある定数 U を用いて、

$$\Delta x \cdot \Delta P = U$$

と表わせそうである。この U を「不確定性定数」と呼ぶことにしよう（実は、この〝U〟が前述のプランク定数〝h〟に関係する値を持つことがわかっている）。

つまり、ミクロ世界が量子論的粒子で形成されているとすれば、ミクロ世界においては原理的に不確定性定数 U 程度の不確定性が避けられないことになる。

もちろん、量子論的粒子といえども、いつもデタラメな位置に存在する、というわけではない（Δx が無限大というわけではない）。図2・3(b)（51ページ）は電子の存在状態を説明するものであったが、存在位置を断定することはできないものの、確率的に、大体この辺りに存在しそうだ、ということはできるのである。

先ほど、量子論的粒子は波動性と粒子性の二重性を持つと述べたが、その存在状態

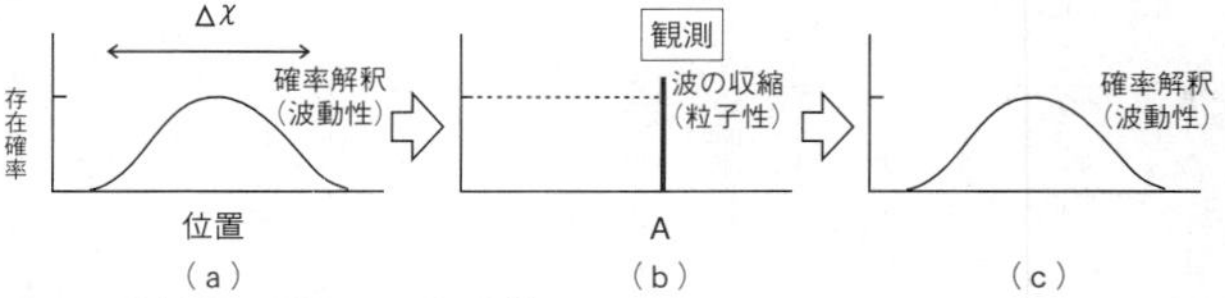

図4.18　確率解釈と観測による波の収縮

の概念を図４・18で考えてみよう。

量子論的粒子の存在位置は(a)に示すように、常にΔx（その幅のとり方についてはさまざまな考え方がある）の不確定さを持つ〝存在確率振幅の波〟で表わされる。この図は粒子の波動性を表わすものでもある。前述のように、粒子はΔxの範囲内のどこかに存在することはわかっているが、確定的なある一点を指定することは原理的に不可能なのである。

ところが、粒子がどこかに存在することは事実なので、いま、何らかの方法で粒子を観測したとすると、(b)に示すように、その粒子の位置は確定的に決定する。つまり、この観測の瞬間に、量子論的粒子のそれまでの波動性が消失し、粒子性（局在性）が現われるのである。このことは、例えば、その観測点がＡだとすれば、観測の瞬間に〝存在確率の波〟が観測点のＡに収縮することを意味する。

観測という〝人為的な行為〟（次項参照）によって、存在確率の波はA点に収縮する（量子論的粒子は波動性を失って粒子性を現出する）のであるが、観測された後の粒子はどうなるのであろうか。

A点に収縮した波（鋭いピーク）は、その瞬間には広がりを持たないのであるが、観測後は(c)に示すように周囲に拡《ひろ》がっていく（波への変化）。つまり、粒子の存在は再び確率解釈（波動性）に支配されることになる。そして、再び観測が行なわれれば、その瞬間に、(b)に示すように、波は収縮し粒子性を示すことになる。しかし、その観測点を予測することは原理的に不可能である。

ここでもう一度、図2・3(b)を見ていただきたい。

いま述べた量子論的粒子の確率的存在のことを電子に当てはめてみれば、原子の形状は図1・1（40ページ）などで描いた〝硬球〟のようなものではなく、明確な境界を持たない雲のようなものと考えねばならない。また、その〝雲〟の形は、観測時間、観測装置などの〝人為的要素〟に依存するだろう。

実在・真実と客観性

人間的スケールから宇宙的スケールまでを含むマクロ世界では、スケールに関係なく、空間・時間の〝枠〟が観測とは独立に客観的に存在し、古典物理学が扱う事象は、その〝枠〟内で起こる物質(物体)の客観的な挙動であるとみなされた。平たくいえば、観測という操作が観測の対象に何らの影響も及ぼさないという立場に立ったのが古典物理学であり、それによれば、物体の運動を一〇〇%確実に予測することが可能であった。

したがって、物理学が対象とするのは〝実在〟であり、それはまず第一に、個々の人間に特有なものではなく、誰にでも共通に認識できるものである。つまり、〝実在〟は任意性のない数式を使って論理が展開され得る体系である。また、第二に、その予測と実験あるいは観測結果とをあいまいさなしに比較できるものでなければならない。それだから、物理学においては、このような〝実在〟に対する実験や観察が重視され、それらで得た結果を〝客観的事実=実在〟と認めて、自然を「理解」していた。事実、マクロ世界においては、正しく行なわれた実験・観察によって得られた〝結果〟と〝自然〟とが見事に対応していたのである(しかし、図4・16で述べたように、われわれが行なってきたのは、あくまでも、われわれが正しく行なえる実験・観察であり、それらの結果からの〝自然〟の「理解」には自ずと限界があった)。

もう一度強調しておけば、われわれは自然界を観測者とは独立に、そして客観的に存在する〝事物〟とみなしたのである。これは「素朴実在論」と呼ばれる立場である。また、われわれは、自然界を個々のさまざまな部分から成る機械のようなものだとみなした。これが、デカルトが述べた「機械論的自然観」(14)である。

これらの視点からいえば、自然界はわれわれの観測活動と切り離すことのできる客観的存在、つまり〝実在〟なのである。

しかし、量子論は、素朴実在論に大きな打撃を与えた。それは単なる哲学的な打撃ではなく、われわれの二〇世紀の科学と技術が明らかにした〝実験事実〟による打撃である。簡単にいえば、前項でも触れたように「観測される事物は、観測されることによって、その状態を変えてしまう」「観測者と観測対象の分割は不可能である」ということである。

古典物理学の基盤、そして同時にわれわれの「常識」でもあった「観測という操作は、観測される事物に何らの影響も及ぼさない」ということがくつがえされたのである。

観測というのは明らかに人為的行為であり、それは人間の〝意志〟でもある。量子論は、人間の〝意識〟や〝自由意志〟が自然現象を支配する、といい、事実、物理的〝実在〟に対して〝意志〟が本質的な役割を演じることを明らかにする証拠をいくつも提示している。つまり、量子論は、心の本質と外界の実在とが直接的な深い関わりを持つことを示唆《しさ》している。また、量子論は、前項で詳述したように、ミクロ世界においては、粒子の挙動が確率的にしか予言できないと主張するのである。

量子論の、このような二つの主張、というより、ミクロ世界における事実がわれわれの自然観、認識観、価値観に与える影響は甚大《じんだい》である。

われわれは、もう一度、われわれ自身の身体《からだ》を含め、宇宙空間を運動する天体にいたるまで、マクロ世界のすべての物体が量子論的粒子によって構成されていること、つまり、マクロ世界はミクロ世界の集積であることを確認すべきである。

量子論が明らかにしたのは、われわれの世界（宇宙、自然界、人間界、人体、……）を分割不可能な「全体」として見なければならぬこと、すなわち、この「全体」の中では、観測者や観測機器までを含めたあらゆる部分が浸透しあい、結びつきあって一つの「総体」をなしている(41)ということである。

ところで、よく考えてみれば「観測される事物は、観測されることによって、その状態を変えてしまう」というのは、ミクロ世界に限られたことではなかったのである。われわれが生活するマクロ世界でもいえることなのである。

一例として、図4・19に示すように、液体の温度を測定するときのことを考えてみよう。

われわれは、いま、その液体の温度を知らないのであるが、神のみぞ知るその温度をTとする（その温度をどのように知ったのかについては不問にする）。

さて、温度計をその液体の中に入れてからしばらくすると、温度計の目盛は、温度T'を示す。ここでわれわれは、その液体の温度がT'であることを知るのである。

だが、厳密にいえば、T'は液体の測定前の温度Tに等しくない。温度計自体の温度がTより高かったならば$T < T'$となるし、Tより低かったならば$T > T'$となる。つまり、測定しようとする液体の状態（温度）は、温度計、より一般的にいえば測定という行為による影響（攪乱《かくらん》）を受けざるを得ないのである。

日常的には、$T' = T$とみなして温度計が示した温度を物体の温度とするが、それで問題はない。温度計という物体が被測定物の状態に与える影響を無視できるからである。このことを物理的にいうと、温度計の熱容量が被測定物の熱容量と比べると無視できるほど小さい、ということになる。

次に、観察ということについてもう一度考えてみよう。

図4・14で、われわれに物体が〝見える〟というメカニズムについて説明した。物体に照射された光のうちの反射された光を〝見る〟のであった。その物体の瞬間的な姿を

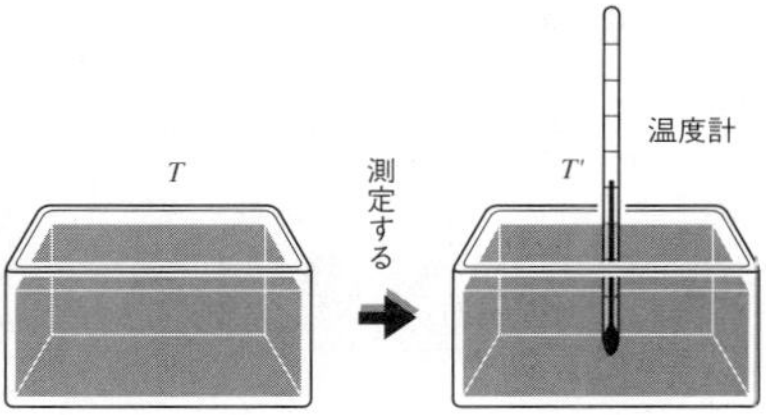

図4.19　温度測定

記録するのが、まさに〝真〟を〝写す〟写真である。しかし、写真が本当に〝真〟を〝写した〟ものであるためには、〝写真を撮る〟という行為（観察行為）が対象の状態を攪乱しない、という条件つきでなければならない。

対象が建物や家具のような無生物の場合には、〝真〟を写すことができるかもしれない。しかし、対象が生き物の場合はどうだろうか。身近な例として、〝顔写真〟を撮る場合のことを考えてみよう。

大抵の場合（少なくとも私の場合）、証明書やパスポート、運転免許証などの顔写真の人相は実物よりよくないが、あれはカメラを意識するからであろう。映画俳優のような特殊な職業の人は、反対に、カメラを意識すると実物よりよく写るのかもしれないが。

また、ふだんはすらすらと淀《よど》みなく話せる人でも、大勢の人の前に出たときや面接試験などでふだんどおり話せなくなってしまうことがあるのも、同様の現象であろう。

以上述べたように、ふだんわれわれが何気なく行っている測定や観察という行為ではあるが、よくよく考えてみると、その結果がどれだけ〝真実〟を示しているのかはきわめてあやしいのである。

因果律

因果律については140ページで簡単に触れたが、今後の考察にも深く関わることなので、ここでもう一度述べておきたい。

一般的に、すべての現象と結果には必ずそれらの原因があるはずである。われわれがすべての原因を理解しているとは限らないが、結果には必ず原因があり、厳密にいえば、一つの原因からは一つの結果しか出てこない、というのが因果律である。

因果律は前述のように、古典物理学の基盤であり、ニュートンの運動方程式によれば、一定の初期条件(原因)を与えれば、結果としての運動はただ一通りに確定する。しかし、因果律は何も物体の運動に限ったことではなく、人間社会、その歴史的変動を含む森羅万象のすべてにいえることであろう。因果律は決定論、宿命論でもある。

因果とは、二つの事象の必然的なつながりに関する観念であり、そのようなつながりの中で前にくるものが〝因〟であり、後にくるものが〝果〟である。同じ原因の下に同じ結果が起こる、というのが科学の根本的、基本的仮定であった。

いま、〝同じ原因〟と書いたが、実は、この〝原因〟にはさまざまな種類のものがある。アリストテレスは、銅像を作る場合のことを例にして、原因を質料因（原料、材料）、形相因（形、構造）、動力因（仕事、運動）、そして目的因（使用目的）の四種類に分けた[23]。古典物理学においては、目的や設計や人間の意志などが除外され、動力因は質料因に内在すると考えてよかった。

森羅万象において、因果律が完全に成立するための究極的条件は、すべての粒子の初期条件（ある瞬間の粒子の位置と運動量）が完全にわかっていることと、粒子間の衝突の結果が一〇〇％正確に予測できることであった。そして、量子物理学が出現するまでは、いずれも、少なくとも原理的には、それが判明するものと信じられた。カ*ントがいうように、一つの事象を観測する時、われわれはいつもこれらに先行する事象があると仮定し、この事象からもう一方の事象がある規則に従って、必然的に現われなければならないのである[42]。繰り返し述べるように、これが、科学的研究のみならず、あらゆる〝経験〟の基礎だった。この場合、その先行的事象をいつでも見出《みいだ》せるかどうかは重要なことではない。実際、われわれは多くの場合に見出せるのであるが、たとえ見出せない場合でも、その先行的事象を具体的に想像することや探究することはできる。それこそが〝科学〟の科学たる所以《ゆえん》であった。重要なことは、因果律はわれわれの経験から導き出されたものではなく、アプリオリ（先天的）なものであることである。

ところが、ミクロ世界においては、結果は確率的にしか決定されない、つまり、因果律は成り立たないのである。カントがいうところの古典物理学の基盤である〝アプリオリの概念〟は量子物理学の体系の中には含まれないのである。何度も繰り返したように、ミクロ世界では、人間による観測の結果は理論によって確定できず、確率的にしか予言できないのである。

前項で述べた量子論が求める〝実在〟〝客観性〟の再考と共に、この因果律の破綻《はたん》は、われわれの自然観に革命的再考を迫るものであった。さらに、一般相対性理論は、時間や空間が、それを観測する者によって、あるいは〝状況〟によって変わる、主観的あるいは相対的なものであることを主張する。

いままでに何度も述べたことであるが、われわれが構築してきた「自然科学」があくまでも、われわれに観測できる自然を探究した結果であることを考えれば、われわれが自然の姿をより深く知るたびに、自然観の革命的再考を求められるのは当然のことかも知れない。量子物理学の構築に多大の貢献をした*ハイゼンベルクは「我々は自然科学が人によって作られたものだという事実を、無視することはできない。自然科学は単に自然を記述し説明するものではない。それは自然と我々との間の相互作用からできるものである。それは、我々の問いの方法にさらされたものとしての、自然を記述する。（傍点筆者）」[43]と述べている。

また、寺田寅彦《とらひこ》は次のような言葉を遺《のこ》している[44]。

> 現在の物理学はたしかに人工的な造営物であって、その発展の順序にも常に人間の要求や歴史が影響する事は争われぬ事実である。
>
> 物理学を感覚に無関係にするという事はおそらく単に一つの見方を現わす見掛けの意味であろう。この簡単な言葉に迷わされて感覚というものの基礎的

カント　(Kant, Immanuel)

一七二四―一八〇四。ドイツの哲学者。合理主義と経験主義の総合によって、科学、道徳、宗教の領域の明確化をはかった。著書に『純粋理性批判』『実践理性批判』『道徳形而上学《けいじじょうがく》原論』などがある。

ハイゼンベルク　(Heisenberg, Werner Karl)

一九〇一―一九七六。ドイツの理論物理学者。ニールス・ボーアに師事し、「マトリックス力学」「不確定性原理」を提唱した。量子力学の確立にもっとも貢献した中心人物の一人。一九三二年にノーベル物理学賞を受賞した。

の意義効用を忘れるのは、むしろ極端な人間中心主義で却《かえ》って自然を蔑視《べっし》したものとも云《い》われるのである。

（「物理学と感覚」）

なお、寺田寅彦が、この随筆を書いたのは、ミクロ世界における量子論的粒子の原理的不確定性がハイゼンベルクによって明らかにされた年（一九二七年）よりも一〇年も前のことである。寺田寅彦の慧眼《けいがん》に驚かされる。

人間と宇宙

デカルトやガリレイやニュートンらによって一九世紀末までに確立された近代科学思想の基盤は二元論*である。近代自然科学の基本的に重要な態度は、まず第一に物体、事象を区別、識別すなわち分析することである。分析という行為の第一歩は、自分と他者あるいは対象物とを明確に切り離すことである。近代科学、具体的には古典物理学は、このように主体と客体とを分割するだけでなく、客体自体も究極のアトモスにまで分割して考えようとした。また、物体と時間と空間をそれぞれ独立した存在とみなすことを基盤として発達した。さらに、近代科学思想は、物体と心を切り離す二元

二元論
一切の事物を二つの根源的原理で説明しようとする考え方のこと。同様に、一つあるいは多くの原理で説明しようとする考え方を、それぞれ一元論、多元論という。

論の哲学にも大きな影響を及ぼした。確かに、このような古典物理学と二元論哲学の両輪が物質・機械文明の「進歩」に果した役割は限りなく大きい。

しかし、繰り返し述べてきたように、量子論によれば、ミクロ世界では、観測という人為的行為が観測される事象に対して決定的な役割を演じ、そして、われわれが観測するかしないかによって〝実在〟が変わってしまうのである。すなわち、近代科学思想の確固たる基盤であった二元論が根底から揺さ振られることになった。しかし、ミクロ世界の現象を説明する量子物理学が自然法則の一部であることは明らかだから、近代科学思想の基盤は、近代自然科学が〝客観的な対象〟とした自然自体によって揺さ振られたことになる。

思えば、ヨーロッパで構築された近代科学思想が物体や事象を細分割してそれぞれを独立的に考察しようとするのに対し、伝統的な東洋思想はいずれも、主客の一体化、物心の一如《いちにょ》、時空の一元的把握など一元論を基盤にしているのである。ヒンドゥー教では「タントラ」と呼ばれる聖典が伝承されているが、それは大宇宙である真理の世界と小宇宙である人間の世界は本来一つのものであることを体験を通じて知るための実践の道、修行の仕方を明らかにしたものである(16)、(45)。人間は宇宙（マクロコスモス）にも秩序ある法則を見出し、それを自分自身の内部（ミクロコスモス）にも当てはめる。つまり、人間の生命の中に、宇宙の生命と不可分の関係を想定するのである。これは明らかに121ページの図4・2に描いたウロボロスの蛇と共通の思想である。また、『華厳経《けごんきょう》』の「一即多、多即一（それぞれの中にすべてがあり、すべての中にそれぞれがある）」という思想(46)も同様のことをいっている。さらに、32ページで述べた『般若心経《はんにゃしんぎょう》』の「色《しき》不異空《くう》、空不異色、色即是空、空即是色」は、哲学的にも物理学的にも極めて意味深長な言葉である。

現代に生きるわれわれは、量子論によって、この宇宙のあらゆる事象が不可分であることを教えられたと思う。

あらゆる事象が不可分であり、そして相互に関連し合っている宇宙が成り立つためには、諸要素間に調和がなければならない。仏教思想の「衆縁和合《しゅうえんわごう》」である。『華厳経』に、大楼閣の中に無数の楼閣がある状態について、完全な混合状態にありながら、それぞれの楼閣がそれぞれの個を保ちつつ、全体として完全な秩序を保っている、という話が出てくる。現代物理学の最前線を担《にな》いながらも、狭い物理学の専門分野にとらわれることなく〝ニュー・サイエンス〟のリーダーとしても活躍したボーム*が主張した「全体性と内蔵秩序」(41)は、まさにこのことであった。

われわれ人間の肉体を含むすべての物質は、したがって、われわれの宇宙は究極のところ、クオーク、グルオン、そして電子（あるいは〝量子ひも〟）という〝アトモス〟から成り立っているのは事実であろう。しかし、すべてのものは、それを構成する部分の和であるという還元主義の立場で、この宇宙を、そしてわれわれ自身を理解するのは不可能だ、ということである。全体は、決して部分を単純に足し合わせたようなものではなく、それ以上のものなのである。したがって、人間の身体の内側の〝自然〟も本来、外側の〝自然〟すなわち環境に順応し、調和し、そして一体化するようにできているはずである。

相補性

二〇世紀に自然観革命をもたらした相対性理論がアインシュタインという一人の天才によって確立されたのに対し、量子論は幾多の若き天才的物理学者によって創出され、二一世紀初頭のいまも発展しつつある理論である。量子論という金字塔の中で〝カリスマ的指導者〟と呼ぶべきデンマークのボーア*が果した役割は甚大《じんだい》である。ボーア自身の具体的な功績の中で特筆すべきは〝われわれの世界〟を理解する上で強力な指針と思われる「相補性の原理」である。その概念自体は決して難しいものではない。

例えば、前述の〝ミクロ世界の不確定性〟を思い出していただきたい。

自然を、位置（x）を媒体として表現することも、運動量（P）を媒体として表現することも可能である。しかし、両方同時に正確に行なうことはできない、というのがミクロ世界の原理的な不確定性であった。片方の確定性が増せば、同時に他方の不確定性が増してしまうのである。ボーアは、このような両者を相補的と呼ぶのである。

このような「二者択一で互いに排他的」なものは哲学原理として多くのものに適用可能である。例えば、物理学と生物学との関係にも相補性の原理は適用できる（実は、それを考えるのが本書のテーマなのであるが）。すべての生命体を構成するのはいうまでもなく物質である。その物質を構成するのは原子であるが、生命体を原子にまで分割してしまえば、その生命体を殺すことになる。生命体は物質（原子）から成ってはいるが、物質（原子）を単に集めたのでは生命体にならない。つまり、還元主義で生命を説明することはできないのである。物質（物理学）と生命体（生物学）との間には相補性の原理が働いているはずである。

ミクロ世界の粒子と波の二重性に顕著に示されるように、相補性の原理は対立概念を超越する考え方である。粒子性と波動性自体は互いに対立する概念ではあるが、ミクロ世界の粒子の同一の〝実在〟を相補的に描写するものである。

この相補性の概念は二〇世紀における量子論の確立過程で明らかになったのであるが、実は「対立概念は互いに相補的な関係にある」というのは、二五〇〇年も前に中国で明らかにされた陰陽思想の真髄である。古代中国では、対立概念の相補性を「陰」と「陽」で表わし、この両者の相互作用をすべての自然現象、すべての社会現象、すべての人間活動の本質だとみなした。後漢の王充*が著わした『論衡《ろんこう》』に「陽が極まれば

ボーム（Bohm, David Joseph）
一九一七—一九九二。アメリカの物理学者。量子力学の基礎を研究した後、形而上学的な宇宙論、世界論（内蔵秩序の世界観）を展開した。

ボーア（Bohr, Niels）
一八八五—一九六二。デンマークの理論物理学者。原子模型と量子理論により、水素のスペクトル線系列を説明し、原子構造の理論を飛躍的に発展させた。一九二二年にノーベル物理学賞を受賞した。

王充（おうじゅう）
二七—一〇〇頃。中国・後漢の思想家。合理的な批判精神により、俗論、虚妄を排して、実証主義に徹した。

図4.20　太極図

陰にその場を譲り、陰が極まれば陽にその場を譲る」と書かれている[47]。相互作用する陰と陽の性質は、図4・20に示す太極図に象徴的に表わされている。太極図には、陰と陽が対称的に描かれているが、その対称性は静的なものではなく、常に回転する躍動的なものである。また、陽の中に陰、陰の中に陽を表わす小さな丸が描かれているのも絶妙である。

　対立する二つのものに相補性を見出すのは陰陽思想のみではない。前述のインド哲学・仏教思想、総じて「東洋思想」の「一如」「不二」「衆縁和合」はいずれも「相補性の原理」と考えてよいだろう。

　ボーアは、彼が提唱した相補性の原理と東洋思想とりわけ陰陽思想との類似性をよく理解していた。ボーアがノーベル物理学賞を受けたのは一九二二年であるが、それから四半世紀後、ボーアは科学分野における輝かしい業績がデンマーク政府に認められ、ナイト爵《しゃく》に叙された。その時、ボーアが求めに応じて作成した紋章の中央に「太極図」を配したのは極めて象徴的である。その太極図の上には、ラテン語で〝CONTRARIA SUNT COMPLEMENTA（対立するものは相補的である）〟と書かれている。

第四章のまとめ

●自然界に存在する物の大きさは相対的であり、人間の大きさを中心に考えれば、それは素粒子のミクロ世界から宇宙のマクロ世界にまで拡がっている。

●ミクロ世界とマクロ世界は連続的につながっている。

●ミクロ世界の物質（量子論的粒子）の挙動や現象は、マクロ世界の常識とかけ離れているが、それは事実である。

●われわれ人間に〝見える〟世界、自然はそれらの全体の中のほんの一部である。

●観測される事物は、観測されることによって、その状態を変えてしまう。また、観測者と観測対象との分割は原理的に不可能である。

●宇宙に存在するあらゆる事象は不可分であり、相互が調和をもって関連し合っている。全体は、決して部分を単純に足し合わせたようなものではない。

●対立するものは互いに相補的である。

第五章　結晶の生長

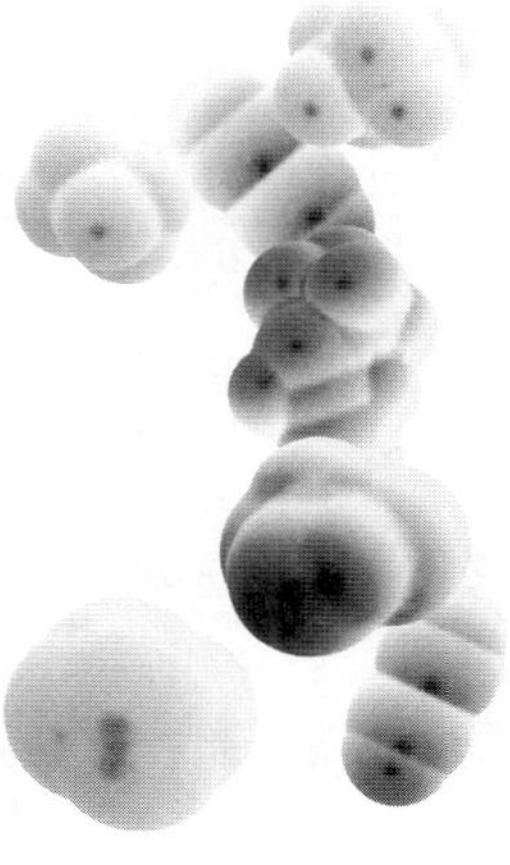

ここまでの考察で、われわれを取り巻く物質と宇宙、世界に関する理解が深められたと思う。

本書は、「物質」と「生命」がいかなるものであるかを知り、その両者間の連関を理解したいと思うものである。

〝命のある〟生命体を究極まで分割し、分析してみれば、その構成要素が〝命のない〟（無機的な）物質、原子であることを知るだろう。つまり、〝生命〟は〝命のない〟物質（原子）の集合と相互作用によって生まれるのである。生命、生物については次章以降で述べるのであるが、現時点において、われわれは「物質」および「生命」それぞれについてはある程度のことを知っている。しかし、その「物質」から「生命」が生まれる瞬間については不明のことだらけである。われわれに〝宇宙創成〟の瞬間を知ることが不可能であろうことと同様に、それを知ることも不可能なのかも知れないが、第二章で述べた「結晶」の生長過程を考えることは、生命のない物質から生命そして生物が生まれる過程、あるいは〝必然性〟を理解するための大きな助けとなるだろうと思われる。

そんなわけで、本章では結晶の生長について考察し、〝「物質」から「生命」へ〟の理解の準備とする。

なお〝生長〟は文字通り〝生まれ、育つこと〟であり、〝成長〟は〝育って大きくなること〟なので、本章のタイトルには意識的に〝生長〟を用いている。

幾何学的神秘

鉱物学の教科書には、「結晶とは、鉱物が平面（結晶面）で囲まれて、規則正しい整った形をしたものである」とか「結晶は面、稜《りょう》および隅を有しており、これらによって多面体が形成される」というような説明がされている。つまり、物理学の分野では、図2・11（71ページ）で説明したように、結晶というと、まず第一に〝原子が三次元的に規則正しく配列した構造〟を思い浮かべるのであるが、鉱物学の分野では、〝平滑な平面で囲まれた多面体〟を思い浮かべるのである。日常生活においては、その美しい形態から、〝鉱物学の結晶〟の方が〝物理学の結晶〟より親しみやすいだろう。結晶の美しさを直観的に認識できるからである。

例えば、74ページで述べたダイヤモンドのほか磁鉄鉱などの〝自然の形〟(結晶形)は図2・14(a)に示したような正八面体（八枚の正三角形から成る正多面体）をしてい

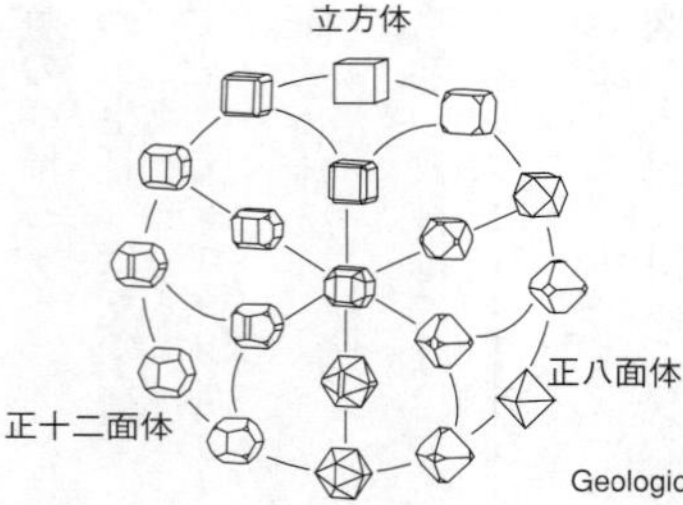

図5.1　黄鉄鉱の結晶形変化
（I. Sunagawa, Rept. Geological Survey of Japan 175,1975より）

るし、われわれになじみ深い食塩の結晶形は図2・14(c)に示したような立方体（六枚の正方形から成る正多面体）である。結晶形には、これらの多面体のほか柱状や板状のものがある。結晶種ごとに示される特徴を晶癖《しょうへき》（結晶の形の癖）と呼んでいる。それぞれの物質は固有の基本的結晶形（晶癖）を持つが、それは一義的なものではなく、成長条件や成長段階によって異なることもある。一例として黄鉄鉱の結晶形の変化の例を図5・1に示す。この結晶の基本面は正方形、正三角形、正五角形で、それぞれのみで形成された場合は、それぞれ立方体、正八面体、正十二面体になる。それらの面の組み合わせと発達の程度は結晶の成長条件、成長段階によって異なり、結果的に図5・1に示すような多様な外形を呈するのであるが、それらを形成する基本面は三種であることに留意していただきたい。

一般に最もよく知られている（見られている）鉱物

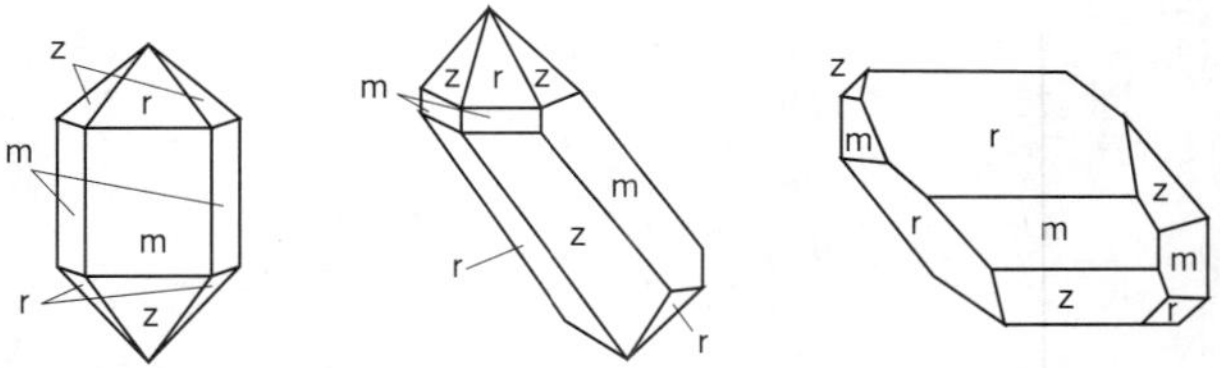

（a）理想形　（b）歪形　（c）歪形

図5.2　水晶の結晶形

結晶は75ページでも触れた水晶かも知れない。水晶は無色透明の石英（SiO_2）の六角柱状の結晶（図2・14(b)）で、〝クオルツ〟と呼ばれることも多い。装身具、印材、また時計の発振子などの材料として多用されている。

水晶の理想形は、図2・14(b)に示したような正六角柱と二個の六角錐《すい》をつなぎ合わせたような形である。結晶学的にいうと、この理想形は図5・2(a)に示すように、m、r、zと記した三種の面で構成されている。しかし、理想形はあくまでも〝理想形〟であり、天然に産する水晶には(b)や(c)に示すような〝歪《ひず》んだ形〟のものが多い。

図5・2の(a)〜(c)を見れば、これらがすべて、水晶という同じ物質の晶癖とは考えにくいのであるが、ここに、実に興味深い、神秘的な事実がある。

いま、(b)、(c)の各面にもm、r、zという記号をつ

け、それらの面間の角度（面角、∧という記号で表わす）を調べてみると、(a)〜(c)のいずれの場合においても、

r∧z＝46°16′
r∧m＝38°13′
z∧m＝66°52′
m∧m＝60°00′

となっているのである。

つまり、外形が一見非常に異なっていても、同一鉱物の結晶においては、その産地がどこであろうとも、対応する面の間の角度は等しいのである。これを「面角一定の法則」という。これも驚くべきことであるが、さらに驚かされるのは、六角柱を形成するm面間の角度は正確な六〇度であることである。

実は、本当は考え方が逆で、各面間に前記のような関係が得られることによって、それぞれの結晶の各面に共通のm、r、zの記号がつけられるのであるが。

自然に産する結晶に見られる（人工的に育成される結晶の場合も同じであるが）、図2・14や図5・2に示されるような正多面体や「面角一定の法則」という幾何学的な美しさは、まさに、自然の神秘としかいいようがない。

土井利位（どいとしつら）
一七八九—一八四八。土井利勝から数えて十一代目の古河藩主。寺社奉行、大坂城代、京都所司代、老中などを歴任し、天保の改革に参画した。

雪華

私は〝雪国育ち〟というわけではないが、〝結晶〟といえば、すぐに頭に浮かぶのは、あの六角板状の、スキー場などでは肉眼でも見ることができる雪の結晶である。図2・15（76ページ）に示したような美しい形を眺めると、それはまさに〝雪華〟と呼ばれるのにふさわしい。

76ページで述べたように、中谷宇吉郎や小林禎作《ていさく》の雪の研究は世界的に有名なのであるが、実は、江戸時代の天保《てんぽう》年間（一八三〇—四四）に、下総《しもうさ》国古河《こが》藩主・土井利位*によって素晴しい雪の観察が行なわれているのである。土井利位は当時〝蘭鏡〟と呼ばれていた素朴な顕微鏡で雪の結晶を観察し、忠実に描写した。その合計一八三枚のスケッチは『雪華図説（正編）（続編）』二冊にまとめられている。それらの中の六枚を

図5.3　雪華スケッチ
（土井利位『雪華図説』より）

図5・3に示す。

図2・15の写真や図5・3のスケッチはいずれも天然雪の美しい六角板状の結晶であるが、中谷宇吉郎らによる人工雪の研究により、成長条件によりさまざまな晶癖を示すことがわかっている。

さて、美しい外形を示す結晶はどのようにして生まれ、成長していくのであろうか。雪の結晶は、なぜ、あのように六角形を基本とする美しい〝華〟になるのであろうか。磁鉄鉱や水晶などの鉱物結晶は、なぜ、あのように神秘的ともいえる幾何学的に美しい形に成長するのだろうか。

結論をいえば、その「なぜ」については十分な説明ができないのが現状なのである。宇宙の誕生と同様に、自然界の現象の多くのことが依然として謎《なぞ》に包まれている。

一般的にいって、科学（science）は、自然現象の

〝何（what）〟と〝いかに（how）〟については答えられるが、〝なぜ（why）〟については答えられないのである。その〝なぜ〟は「神」のみぞ知る、ということだろうか。

雪の研究の世界的な大家であった中谷宇吉郎は、

「雪を研究する」という仕事は一人の人間が一生を費してやっても到底かたづくような問題ではない。一石ずつ築いた研究の上に立って、今後の有為な人々が、何十人か何百人かあるいは何千人かが、更にその上に真剣な努力を積み重ねることによって一歩一歩と完成に近づくというような性質の問題であろうと思われる。

という言葉を遺《のこ》している(19)。

いずれにせよ、あのように美しい外形の結晶がどのようにして生まれ、成長するのかを知ることは、物質から生命、生物が形成される過程を理解、少なくとも推測する上で大きな助けとなると思われる。

コンペイトー

最近はあまり見掛けなくなったが、図5・4に示すようなツノ（突起）がある色とりどりのコンペイトー（金平糖あるいは金米糖）という砂糖菓子がある。コンペイトーは、砂糖液を球状に固まらせただけの単純な菓子であるが、あのツノ（突起）に特徴がある。傾斜して置かれて回転するタライのような平底の釜《かま》の中で、〝核〟の役割を果たすイラ粉と呼ばれる餅米《もちごめ》を細かく砕いたもの（昔はケシの種やゴマなどが使われていた）に砂糖液を繰り返し振りかけ徐々に固まらせることによってコンペイトーが作られるのであるが、あのツノは、その過程で自然にできるのである。砂糖の固まりが回転しながら成長していくのだから、単純な球状の固まりになりそうであるが、あのようなツノがいくつもできるのは不思議なことである。

物理学者の寺田寅彦（23ページ参照）も、あの突起が不思議だったらしく、「金米糖」と題する随筆を書き遺している。そこにコンペイトーの「ツノ（突起）の謎」が書かれているので、その一部を次に引用する⑷⑻。なお、コンペイトーは砂糖液が冷えて固まることによって作られるので、温度が低い場所ほど速く成長するということを頭に入れておいていただきたい。

図5.4　コンペイトー

「金米糖を満遍なくすべての向きに転がすのであるから、その表面のどこが特別に高くならなければならないという理屈はない、それだから結果は丸い球《たま》になって、角《つの》などは出来ないはずである」とこういうことになりはしまいか。しかるに実際はあの通りたくさんの角が出来る。

この角の出来るわけはよくよく研究してみなければ確かなことは言われないが、多分は次のようなわけであろうと思われる。

粒が小さいうちには全体の温度があまり違わないであろうが、だんだん大きくなるにつれて玉の中と外、また外側でも場所によって温度の不揃《ふぞろ》いが出来る。もとより大体には同じような温度であってもその面の上でところどころ少し温度の低い所があるとそこには早く砂糖が固まりやすいので少し高くなる。

高い尖《とが》った所は低いくぼんだ所よりは冷えやすいからますますつきやすくなる。そういう順序でだんだんに角が発達するのであろうと思われる。

　これだけの理由では角の数はいくつでもよいわけであるが実際には数がおよそ決まっている。これは砂糖の熱伝導率や、比熱やその外いろいろの性質で決まるであろうが詳しいことはまだ分からぬ。

　ともかくも当り前の簡単な理屈では、〝偶然〟というものの関係して来る現象を、説明することのできぬということは金米糖の例でも分かるであろう。

　今の物理学では特別にこの方面の研究がまだあまり発達していないように思われる。


（傍点筆者）


　この寺田寅彦の考察やコンペイトーに関するその後の研究（対象が対象なだけに、科学的な研究がそれほど行なわれているわけではないが）の結果(49)を参照し、コンペイトーの成長過程（断面）を図示すれば図5・5のようになるだろう（図中、ツノの数は適当である）。

熱せられた釜の平底で回転する（転がる）核(1)に砂糖液が振りかけられ、それが固

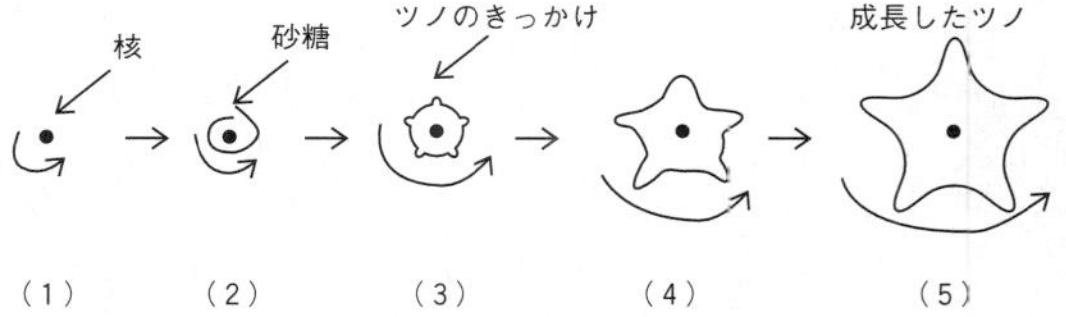

図5.5　コンペイトーの成長過程

まってコンペイトーが球状に成長していくのであるが、最初、球が小さいうちは球の表面の温度は均等であろうから単純な球の形(2)を保ちつつ大きくなっていく。しかし、ある程度大きくなって、何らかの原因で球の表面に他の部分と比べて温度が低い点が生じると、その点では砂糖が速く固まるのでツノの〝きっかけ〟(3)となる。一度ツノ（突起）ができると、その先端では放熱の度合が大きく、温度はますます低くなるのでツノの成長が一段と進む(4)、(5)ことになる。結局、コンペイトーのツノ（突起）は、コンペイトーの成長速度の局部的不均一性の結果といえるだろう。コンペイトー成長の初期段階（「ミクロ系」）における表面温度の〝不均一度（ゆらぎ）〟はほんの小さなものであっても、「マクロ系」へと成長するに従い大きな〝差〟となって現われるのである（念のために書き添えるが、ここに記す「ミクロ系」「マクロ系」は〝言葉のアヤ〟であって、第四章で述べたような意味ではない）。

余談ながら、コンペイトーの歴史は古く、室町時代末期の一五六九年、宣教師のル*イス・フロイスによってポルトガルから日本へ初めて持ち込まれたと伝えられている。ちなみに、コンペイトーという名前はポルトガル語の"*confeito*"からの転訛《てんか》といわれる。

このコンペイトーは、フロイスが織田信長（一五三四―八二）に謁見《えっけん》した時に献上された貢物《みつぎもの》の一つで、新し物好きな信長をいたく喜ばせたようである。

また余談ながら、江戸時代の浮世草子作者・井原西鶴*の『日本永代蔵』巻五第一「廻り遠きは時計細工」の中にコンペイトー作りの苦労話が書かれていて面白い。西鶴は〝南京《ナンキン》より渡せし菓子。金餅糖〟と書いている。

当時、あのツノのあるコンペイトーを作るのは容易ではなく、国産のものが登場するのは貞享《じょうきょう》年間（一六八四―八八）になってからと伝えられている。最初は、あのツノがどうしても作れなかったようである。製造技術が向上し、ツノが作られるようになると、その数は、天地四方の六合《りくごう》にかなった数理六×六＝三六個でなければならない、ということになった。当時、幕府への献上品のコンペイトーは厳しくチェックされたらしい。私も、このコンペイトーのツノの数に興味を持ち、市販のコンペイトー一〇〇個について丹念に調べてみたが、最多二一個、最少一一個、平均一五個という結果だった。現代のコンペイトー製造技術が江戸時代のものと比べて劣っているのかどうかわからないが、六合の数理にかなった三六個のツノを持つコンペイトーは一個もなかった。

いずれにせよ、コンペイトーを作るのはかなり厄介であり、あの素朴すぎるほどの味のことを考えると、多種多様なおいしい菓子が溢《あふ》れている現代においては、コンペイトーが〝絶滅〟し、博物館でしか見られなくなるのも時間の問題であろうと思われる。

ちなみに、創業弘化《こうか》四（一八四七）年の、日本でただ一軒のコンペイトー専門店が京都にある。その工房は一般には公開されていないが、ある時、私は特別に見学させていただいた。その時、上述の工程を繰り返すと約三日目にツノが出始め、直径約一センチメートルのコンペイトーが完成するまでには約十六日～二十

フロイス（Frois, Luis）
一五三二―一五九七。ポルトガル人宣教師。一五六三年に肥前（長崎県）横瀬浦に上陸し、各地で布教活動を行った。

井原西鶴（いはらさいかく）
一六四二―一六九三。江戸前期の浮世草子作者、俳人。西山宗因に師事し、談林・矢数《やかず》俳諧《はいかい》の代表作家となり、やがては、浮世草子とよばれる小説に転じた。著書に『好色一代男』『武道伝来記』などがある。

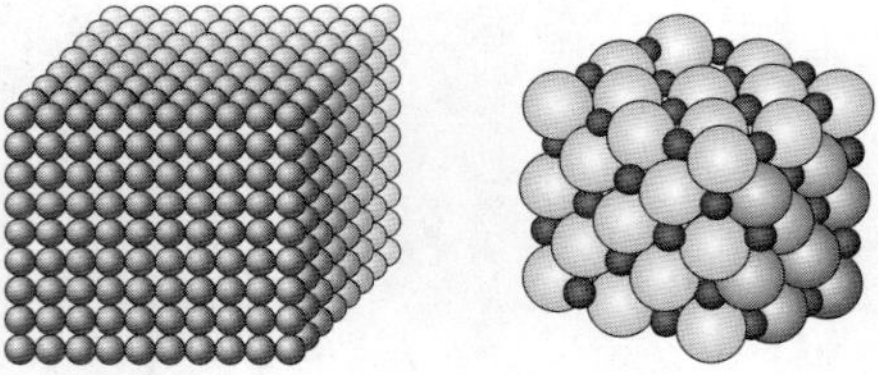

（a）　（b）

図5.6　立方体結晶の原子配列

日ほどかかる、という職人さんの話を聞き、コンペイトーが芸術品のように思えたのである。

雪華の成長

コンペイトーのツノ（突起）の数は必ずしも一定ではないが、雪の結晶〝雪華〟の〝ツノ（突起）〟の数は図2・15や図5・3に示されるように基本的に六個であることは厳然たる自然の斉一《せいいつ》性である。あのように美しい斉一性を持つ雪華はどのように生まれ、成長していくのであろうか。

まず、一般的な結晶の成長を図5・6に示すような最も単純な立方体結晶の場合について、原子レベルで考えてみよう。

結晶を形成するのは原子（硬球状のものと仮定する）であり、ある一つの結晶が〝成長する〟ということは、この場合、その結晶を構成する原子の数が徐々に増加し、結晶が〝大きくなる〟ということである。そして、それは単に体積が増加するだけでなく、例えば立方体を晶癖とする結晶の場合は、図5・6に示すように、常に立方体の晶癖を保ちながらのことである。図5・6(a)は単一元素、(b)は異種二元素から成る立方体の結晶を模式的に描くものであるが、それぞれを構成する一個一個の原子は外部から供給され、それらがきちんと規則正しい位置（あるいは〝面〟）に〝付着〟（結合）することによって、結晶が成長するのである。

立方体を構成する六面はそれぞれ〝等価〟だから、外部から供給される原子から見れば、自分が付着（結合）するのはどの面でも構わないはずである。つまり、全体が立方体形状を保つ必然性はなく、全体が直方体になってもよいように思われる。にもかかわらず、全体が常に立方体を保ちながら成長していくのは不思議である。やはり、直方体よりも立方体の方が、全体の〝系〟としては安定だからだろうか。

雪華は実際にどのように成長していくのであろうか。

雪（人工雪）の結晶の成長の〝その場観察〟装置を開発し、顕微鏡下で動的観察を行なった権田武彦*の素晴らしい研究がある。私は、実際にそのビデオ（動画）を見せていただいたのであるが、〝自然界の神秘〟を目《ま》のあたりにして感動した。何度も見ているうちに、われわれの宇宙の成長を見ているような錯覚にもとらわれた。

図5・7（①→⑨）はセ氏マイナス一五・五度での雪の結晶の成長過程を示すものである。①は成長の初期段階を示すが、小さい（およそ五〇分の一ミリメートル）ながらも、六角板状の晶癖をはっきりと見ることができる。原料（水蒸気）が供給されるに従って六角板は大きくなり、ある段階③で〝ツノ〟が成長してくる。その後は、六角板はほとんど大きくならず、ツノが樹枝状に成長し、あの〝雪華〟が完成するのである。

前述のように、雪の結晶の形態は成長条件、成長環境に強く依存する。中谷宇吉郎（76ページ参照）以来の人工雪の研究により、一般的に、原料である水蒸気の量が少ない（物理的にいうと〝過飽和度が低い〟）と六角板状に成長するが、水蒸気の量が多くなる（〝過飽和度が高くなる〟）と結晶表面（六角板の端面）の平面性が維持できなくなり樹枝状に成長することがわかっている。図5・7に示すのは後者の場合である。

さて、雪華の〝ツノ〟の成長を見て、何かを思い出さないだろうか。

コンペイトーの〝ツノ〟である。

コンペイトーのツノの成長は、球面の温度の不均一性（温度が低い点にツノが生じる）によって説明されたが、水蒸気の昇華《しょうか》という現象によって成長する雪華のツノの

権田武彦（ごんだたけひこ）一九三七―。はじめて人工雪の成長の動的な観察に成功した。現在、愛知学院大学教養部教授。

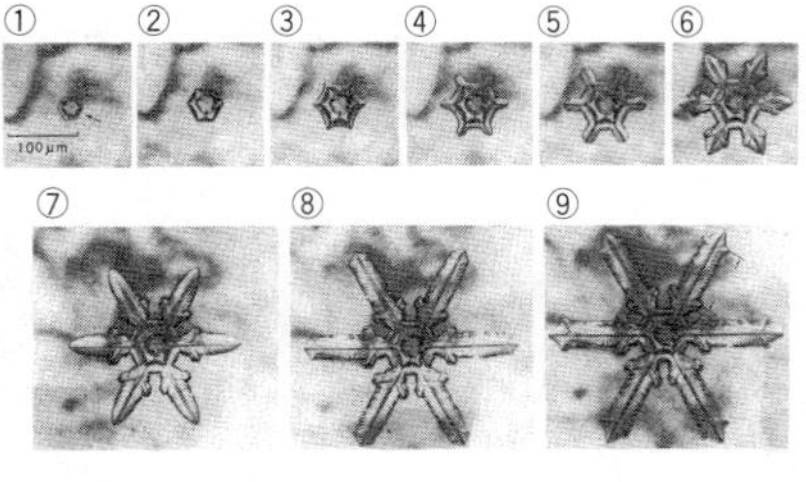

図5.7　雪の結晶の成長過程
（T.Gonda, S.Nakahara, and T.Sei, J.Cryst.Growth 99，1990より。
写真提供：権田武彦博士）

場合は、次のように〝原料供給の不均一性〟によって説明されている。

　雪の結晶は周囲にある水蒸気（水分子）を取り込んで成長するので、水分子の〝濃度〟は結晶の近くほど低く、遠くほど高い。当然のことながら、雪の結晶の成長の速さは水分子の濃度が高い（過飽和度が高い）ほど大きくなる。したがって、コンペイトーの場合と同様に、雪の結晶が小さいうちは顕著な濃度差が周囲に生じることはないので均一に成長するが、何かのきっかけで雪の結晶面に突起ができれば、その先端は水分子の濃度が高い領域に接するので速く成長することになる。そして、コンペイトーのツノの場合と同様に、最初に少しでも突起ができれば、その突起の成長が一層助長され、最初の小さな〝差（ゆらぎ）〟が拡大されていくことになるのである。

　しかし、コンペイトーのツノと雪の結晶の〝ツノ〟

との間には大きな違いがある。

前述のように、コンペイトーのツノの数は一定に決まっているものではないが、雪の結晶の場合は図2・15や図5・7に示されるように、基本的に六個（正六角形）に決まっている。これは自然界の摂理であり、五個のツノを持ったものや五角板状の雪の結晶が現われることは決してないのである。

ここで、もう一度、図5・6と図5・7を眺めていただきたい。

図5・7では①の小さな（約〇・〇二ミリメートル）六角板状の雪の結晶が⑨の大きな（約〇・四ミリメートル）六角板・樹枝状結晶にまで成長する様子が示されているのであるが、雪の結晶は周囲の水分子が既存の結晶に付着（結合）することによって成長する（大きくなる）わけである。雪の結晶と形状は異なるが原子（分子）の付着（結合）の様子が図5・6に模式的に描かれている。

つまり、図5・7に示される成長過程において、一個一個の水分子がきちんと付着すべき位置に付着しない限り、全体としての秩序（正六角形、ほぼ同じ長さの六本の〝ツノ〟）は保てないのである。一個一個の分子間には何ら区別はないのであるが、それらはそれぞれ個別のおさまるべき位置におさまった結果が美しい六回対称性（正六角形）を持った雪華なのである。それはまるで、一個一個の分子が雪の結晶（雪華）

全体の形を把握しているかのようである。つまり、既存の結晶に近づいてくる分子が順に〝正しい位置〟に付くための、全体秩序に関する情報が各分子に伝わっているのではないかと思わざるを得ないのである。あるいは、一個一個の分子が全体秩序を保つために〝正しい位置〟に付く〝意志〟を持っているということであろうか。

いずれにせよ、〝原料（水分子）供給の不均一性〟で雪の〝ツノ〟の出現は説明できても、それがなぜ六本でなければならないのか、雪の結晶はなぜ正六角形を基本形としているのか、について満足のいく説明はできない。特に、図2・15（76ページ）の上列に示されるような複雑な形状でありながら見事な対称性を保って成長した雪華の必然性を科学的に説明するのは困難に思える。少なくとも私には満足な説明ができない。

しかし、自然界の事実として、図2・15や図5・7に明瞭《めいりよう》に示されるように、雪の結晶は六回対称性という全体秩序を個々の水分子によって保たれながら成長していくのである。もちろん、全体秩序（晶癖）を保ちながら成長するのは雪の結晶だけではなく、図2・14や図5・1で説明されたようなすべての結晶にいえることである。しかも、その全体秩序（晶癖）は物質特有のものである。

私は、自然界の人智《じんち》を超えた神秘を感じずにはいられない。

無秩序から秩序へ

いま、われわれが図５・７で観察したのは雪の結晶の成長であった。雪の結晶が小さな六角板状から大きな六角板・樹枝状へ全体秩序（晶癖）を保ちながら成長していく様子が見事に示された。

しかし、われわれが観察したのは、丁度、ビッグバン直後からの（プランク時間以降の）膨張していく宇宙像のようなものであり、〝プランク時間〟以前のものではない。図５・７の①では既に六角板状の〝膨張した宇宙〟が示されているのである。

雪の結晶は〝最初〟から六角板状に生長するのであろうか。

実は、数々の雪の結晶の成長過程を顕微鏡下で観察した権田武彦によれば、そうではないのである。

雪の生長過程は大別すると二種類ある。

まず、天然の雪のように、何らかの異物（空中の塵埃《じんあい》のようなもの）を〝核〟（コンペイトーの核を思い出していただきたい）に水蒸気が付着して昇華生長する場合、誕生直後の形は、その核物質の形に依存して無定形である。一方、水蒸気自体が直接凝結し、それを核として生長する場合、誕生直後の形は球形である。

いずれの場合も、雪結晶の初期の形は六角形ではない。〝球形〟も特別の晶癖を持たない形であることに着目すれば〝無定形〟といってもよいだろう。つまり、雪結晶の誕生直後の形は〝無定形〟であり、それが成長過程のある段階から美しい六角形の〝晶癖〟を呈するようになるわけである。ここで、便宜的に無定形の段階を〝ミクロ段階〟、晶癖を呈する段階を〝マクロ段階〟と呼ぶことにしよう。以下、この両段階は雪結晶のみならず、図2・14や図5・1、5・6などで論じたすべての結晶に対して適用できる概念である。

ここで、第四章で述べたマクロ世界とミクロ世界、ミクロ世界の不確定性について思い出していただきたい。

ミクロ世界の粒子（結晶の〝原料〟である原子、分子も〝ミクロ世界の粒子〟である）の挙動は図4・18（149ページ）に象徴的に描かれるように、その存在位置は確率的にしかわからない、つまり、これから結晶を形成しようとするミクロ粒子の動きは無秩序である。したがって、そのようなミクロ粒子の〝集合〟によって誕生する結晶のミクロ段階の形が無定形になるのは理解し難いことでも不思議なことでもなく、むしろ当然であろう。

不思議なのは、無秩序なミクロ粒子が、いつからかわからないが、事実としてミクロ段階の無定形からマクロ段階の美しい晶癖を呈すべく整然と秩序正しく配列することである。いつ、どこでそしてどのようにミクロ世界の〃無秩序性〃が終り、マクロ世界の〃秩序性〃が現われるのであろうか。

いずれについても、それらを理解するのに、われわれの（少なくとも私の）〃知性〃はあまりに不十分である。

われわれが確実に知っているのは、初めはあいまい、無秩序で無定形の物質が、はっきりした秩序ある形（晶癖）を持つ結晶（184ページの図5・6）へと成長していくという事実である。このことを前掲のボームは「全体性と内蔵秩序」(41)の概念で説明している。また、自然の秩序と意識との関連を研究している物理学者のピート*は「形や構造は自発的に現れる」(50)と述べている。しかし、依然として、われわれには、そのなぜと何がわからないのである。それらを説明するためには、ゲーテ*の「自然の根源力《ウルクラフト》や創造主の叡智《えいち》と威力」(51)という言葉を借りるほかないのかも知れない。

自己組織化

地球上の自然界あるいは人間界の営みから全宇宙に至るまで、すべての〃活動〃にはエネルギーが必要であり、そのエネルギーが移動する時に限って〃仕事（活動）〃

ピート（Peat, F. David）一九三八―。自然の秩序と意識との関連についての研究の第一人者であるイギリス生まれの物理学者。心理学と科学を横断する領域の著作が多い。

ゲーテ（Goethe, Johann Wolfgang von）一七四九―一八三二。ドイツの詩人、小説家、劇作家、そして自然科学者。青年期の抒情詩《じょじょうし》や戯曲、書簡体小説で疾風《しっぷう》怒濤《どとう》（シュトルム・ウント・ドラング）期の代表作家となる。著書に『若きウェルテルの悩み』『ファウスト』『自然と象徴』などがある。

が為《な》されるのである。そのエネルギーにはさまざまな形態のものがあるが、いずれの場合も、エネルギーは移動するたびに、その〝価値〟（具体的には〝利用価値〟）が減る、という熱力学上の大法則が存在する。これは、〝エントロピー（乱雑さ、無秩序さ）〟という熱力学用語を使って「エントロピー増大の法則」と呼ばれ、宇宙全体のエントロピーは常に増大の方向に向かっているという(52)。つまり、宇宙全体の秩序性は常に失われ、無秩序性が増大している、というのである。

身近な例として、石けんの価値について考えてみよう。

手などを洗う時に使う石けんは、それが固形（〝洗浄力〟というエネルギーの塊）の状態（これを〝秩序ある状態〟と考える）の時には利用価値がある。しかし、それが例えば大量の水を満たしたプールに放り込まれれば徐々に溶けて、固形石けんは極めて稀薄《きはく》な石けん水に変わってしまう。もちろん、石けんという物質の総量は変らないのであるが、このことは、〝洗浄力〟というエネルギーの塊が乱雑化（無秩序化）してしまい、その石けんとしての価値を失ったことを意味する。プールに溶けた石けんが自発的に元の固形状態に戻ることは決してない。

熱力学の法則は「宇宙の総エネルギーは一定」であり、「宇宙のエントロピーは絶えず増している」ことを明らかにしている。つまり、自然界は不可逆的に、常に無秩序、乱雑な状態へ移行する、というのである。簡潔にいえば「自然界は秩序から無秩序へ」である。

しかし、どう考えても、無秩序状態から秩序状態が形成されるとしか思えない自然界の現象がある。

いま述べた結晶の生長がまさしくそれであった。また、次章以下で述べる生命体、生物の生長も、まさしくそれである。

生物の基本構成単位は、いうまでもなく細胞であり、それを形成するのは何度も述べたミクロ粒子の原子、分子である。生命体（生物）の生長過程は、結晶生長の場合と同様に、無秩序状態にある原子、分子が〝自発的に〟高度の秩序状態（その程度は無機物質の結晶の比ではない）を形成していく過程である。このような現象を、結晶生長の場合も含めて、自己組織化と呼ぶ。

自己組織化は、自然界の大法則である「エントロピー増大の法則」に反しているのだろうか。

実は、熱力学の「エントロピー増大の法則」は、外部とのエネルギーや物質のやり取りがない、系を構成する諸要素が互いに影響を及ぼし合わない、また相互作用しない〝閉じた系〟にのみ適用されるものなのである。

本書の究極のゴールである生命体、生物の生長を理解する決め手は、この「自己組織化」を理解することであろう。無秩序と混沌《カオス》の中から、「自己組織化」の過程を通して、秩序と組織が〝自発的に〟生じてくることは実際に可能であるし、「生物は自然の秩序から遠く離れて、実際に起こった自己組織化過程の最高の形態」(53)なのである。

この宇宙の中の生物そのものは、熱力学の法則に従って常にエントロピーを増大させている（正のエントロピーを作り出している）のであるが、生物の生長はエントロピーを減少させている。量子物理学の確立に多大の貢献をしたシュレーディンガー（15ページ参照）は著書『生命とは何か』(54)の中で、「生物が（中略）生きているための唯一《ゆいいつ》の方法は、周囲の環境から負エントロピーを絶えずとり入れることです」「生物体が生きるために食べるのは負エントロピーなのです」「生物体は負エントロピーを食べて生きている」(傍点筆者)という意味深長な言葉を述べている。また、シュレーディンガーは、生物体には、適当な環境の中から「秩序を吸い取る」という驚くべき天賦の能力が備わっているという。

本章で、結晶の外形と生長、成長についてやや詳しく述べてきたのは、「自己組織化」(それは、生物の自己組織化とは比較にならないほど単純なものではあるが)を実感するためであった。そして、それは、私にとって「自然の根源力《ウルクラフト》や創造主の叡智と威力」(ゲーテ)を実感することでもあった。

第五章のまとめ

●結晶はマクロ的な外形も、ミクロ的な内部の原子配置も三次元的な整然さをもって成長する。

●結晶の生長の初期段階（ミクロ段階）の原子の集合は量子論の不確定性原理に従って無秩序であるが、ある時点（マクロ段階）から秩序化する。

●自然界全体は熱力学の「エントロピー増大の法則」に支配されているが、結晶や生命、生物の生長に見られる自己組織化は、エントロピーを減少させる過程である。

第六章　生命と生物

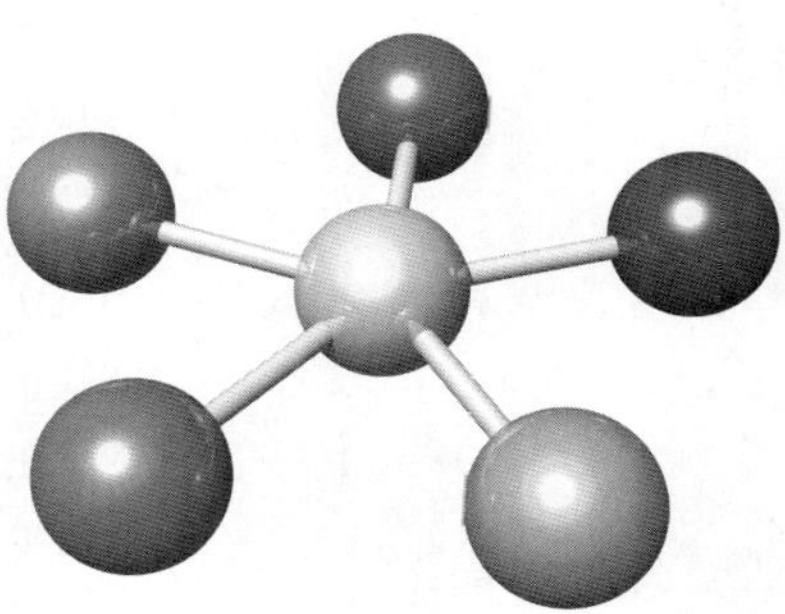

無生物、生物を問わず、すべての物体の根源は物質である。

本書の意図は、〝無生物〟の物質（究極的には素粒子）から、いかに生命、生物が生まれるのかを考えることであり、前章までに、生命・生物の根源である物質について詳しく述べた。次にわれわれは生命とは何か、生物とは何か、について知らねばならない。

プロローグでも簡単に触れたように、実は、その答は簡単に得られそうもないのであるが、本章では、生命・生物の〝実態〟を物理的観点から理解しようと思う。そして、最終章の「物質から生命へ」につなげたい。

生物と生命

いままでに述べたことと若干重複するが、ここで改めて生物と生命について、それらの〝特徴〟を確認しておきたい。

生物は〝生き物〟であり、図6・1に描かれる自然生態系で〝生きて、活動する〟あるいは〝生きた状態にある〟動物、植物、微生物（菌類）の総称である。日常生活においては、生物をこのように理解しておけば支障ない。

しかし、〝物質から生命へ〟を理解しようとする場合、〝生きた状態〟がいかなるものであるかをはっきりさせておかねばならないだろう。私はいま、ふと、*黒沢明監督の映画『生きる』（一九五二年作品）を思い出したのであるが、哲学的あるいは人間的意味も考えてしまったら、〝生きた状態〟がいかなるものであるかは容易に説明できないし、それに対し一義的な答が見つかるものでもないだろう。

そのようなわけで、ここでは簡明な物理学の観点からのみ考えることにしたい。

先述の「生物は自己組織化過程の最高の形態」や「生物体は負エントロピーを食べて生きている」などが生物（生き物）の〝特徴〟だと考えれば、生物は無秩序から秩序へ自己組織化するものであり、〝生きて

黒沢明（くろさわあきら）一九一〇—一九九八。〝世界のクロサワ〟として、内外の映画人から師と仰がれ、映画の面白さ、楽しさを世界中の人々に与え続けた。文化勲章、世界文化賞などを受賞した。映画作品に『羅生門』『七人の侍』『乱』などがある。

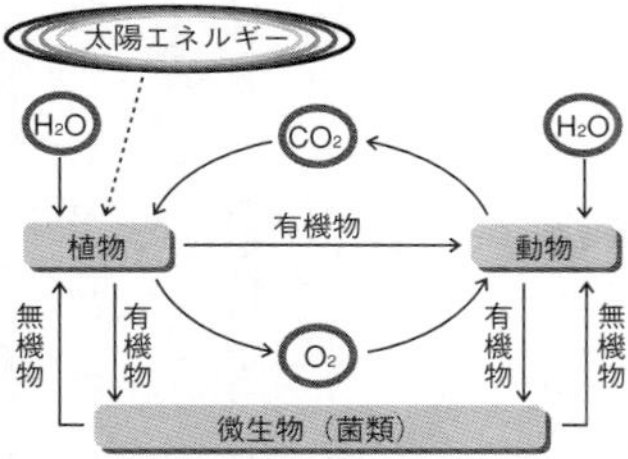

図6.1　自然生態系（志村史夫『生物の超技術』講談社ブルーバックス、1999より）

いる状態〟とは、そのような自己組織化の過程にあること、また、秩序ある運動状態を保っていること、といえそうである。

これらのことに即していえば、生きていない物においては各要素が無秩序な運動をしており、無生物が自発的には動かないように見えるのは、その構成要素が無秩序に運動し、互いに相殺《そうさい》し合っているからである(55)という誠に興味深い見解も導かれよう。したがって、生物と無生物との間に、物質的な意味での根本的な相違は何ら存在せず、両者を分けるのは、ひたすら、それらの構成要素の〝自己組織性〟と〝秩序性（内蔵秩序）〟の有無となる。

このように、生物を無生物と分かつ根源が生命であり、それは「物質を組織して意味を与えている力そのもの」であり「部分を統合して全体を組織する力」である。そして、〝生命の本質〟は、まさに、物質を秩序正しく統合し、相互に連関させる力にあるのである(2)。また、生命とは「物質を組織し、個体を形成し、種を形成していく無限の力であり、どこまでも自己を創造していこうとする目に見えない意志」(2)である。より簡潔にいえば「生物的秩序を自己形成する能力」(55)である。

しかし、ここで、再度確認しておくべきなのは、そのような「意志」や「能力」の源泉は物質そのものに〝内蔵〟されている、ということである。つまり、物質系がクオーク、電子から原子、そして分子、巨大分子、高次構造体へと〝階層〟を積み重ねていく過程の〝ある段階〟で生命が現われるということだ。

そして、そのような〝生命〟を有する生物の特徴は、自己を複製し、増殖し、環境に応じて活動し、成長し、分化し、シンカすることである。ところで、本書では、生命・生物学の分野で一般に用いられている「進化」という言葉を「シンカ」とカタカナで書くことを許していただきたい。その理由の詳細については巻末に掲げる拙著(56)を参照していただきたいのだが、以下、簡単に述べておく。

一般に、「進化」という言葉には「進歩する、発展する」そして「よりよくなる」という意味が含まれる。国語辞典を引くと「退化」の反意語、という説明もある。「退化」は「進化」の反意語なのだから、その意味は「進歩していたものが、その進歩以前の状態に戻ること」そして「悪くなること」である。

生物が、〝生命の誕生〟以来今日までのおよそ四〇億年のあいだ、さまざまな要因によって変化・分岐してきたのは事実である。しかし、その変化・分岐は、必ずしも「進化」、つまり「進歩する、発展する、よりよくなる」ことを意味するものではない。それは「歴史的変化」であって「進歩したか、退歩したか」あるいは「よくなったか、悪くなったか」とは別次元の問題なのである。

ラマルク*やダーウィン*に端を発する科学的「進化論」によれば、原始生命を起原とする生物は「下等生物」から「高等生物」へと「進化」した。また「進化論」の自然淘汰《とうた》説の根底には「優勝劣敗」の原則があり、「優れたもの」が勝ち、「劣ったもの」が敗《ま》けることになっている。そして、われわれ人類（ヒト）はサルから「進化」した最も高等な生物（動物と植物の優劣、程度は比較しようがないので、正しくは〝最も高等な動物〟というべきであろう）ということになっている。しかし、私には、人類が最も高等な、最も進化した動物、とはどうしても思えないのである[6]。

結局は、「進歩とは何か」「高等の〝高〟とはどういうことか」「〝よい〟とはどういうことか」「何が〝優〟で何が〝劣〟なのか」という価値観に関わる問題なのである。だから私は、生物の歴史的変化・分岐を安易に「進化」と呼ぶことに抵抗を感じるのである。

生命の誕生

繰り返し述べたように、生命の根源は物質であり、物質の根源は原子（元素）である。したがって、〝生命の誕生〟はひとえに〝原子（元素）の誕生〟に依存することになる。つまり、この地球上の生命の誕生を知る有力な手掛かりは、地球の歴史、そして地球に存在する原子（元素）の歴史を調べることで得られるだろう。

そこで、地球の歴史を土台にして、生命の誕生、生命の歴史を考えることにする。なお、以下の記述は丸山茂徳・磯崎行雄『生命と地球の歴史』(57)に負うところが大きい。

われわれの宇宙は、第三章で概観したように、およそ一五〇億年前の〝ビッグバン〟によって「誕生」し、以来一五〇億年間膨張を続けているらしい。つまり、宇宙の年齢はおよそ一五〇億年と考えられるが、太陽を中心とし、われわれの地球を含む九個の惑星と、火星と木星の間にある小惑星帯から成る太陽系の年齢は、その約三分の一の四五・五億年である。

地球の年齢も太陽系の年齢と同じ約四五・五億年と考えてよいだろう。火の玉であった〝原始地球〟は、この間、宇宙空間の中で冷え続けて現在に至っている

ラマルク（Lamarck, Jean Baptiste de Monet）一七四四―一八二九。フランスの博物学者。無《む》脊椎《せきつい》動物学を確立し、著書『動物哲学』で進化論の先駆けをなした。

ダーウィン（Darwin, Charles Robert）一八〇九―一八八二。イギリスの生物学者。化石の発掘、ガラパゴス諸島の生物分布のようすから、科学的な進化論を提唱し、生物学界のみならず、一般思想界にも画期的な影響を与えた。著書に『種の起原』『ビーグル号航海記』などがある。

わけであるが、その冷却、変化の過程は定常的なものではなかった。そして、四五・五億年の歴史を持つ地球は、図6・2の上端に示される四つの時代に区分されている。後述するように、これは天体としての地球と、そこに誕生した生命体との相互作用の結果の「共シンカ」（次項で詳述）の結果でもある。

誕生直後の原始地球の温度は数千度であり、それは岩石の融点よりも高いので、地表も〝マグマ・オーシャン〟と呼ばれる状態であった（現在でも地球の内部にはマグマが存在している）。マグマ・オーシャンの表層が固化し、海洋と原始大気が形成されたのは四四〜四三億年前と推定されている。それ以降現在までの「表層環境変化」が図6・2の下段に、「大気組成の定量的変化」が図6・3に示されている。繰り返すが、これらは地球と生命体の相乗効果、共シンカの結果である。

さて、生命の誕生に目を向けよう。

生命体の基本構成要素はアミノ酸（狭義にはα《アルファ》アミノ酸）であるが、アミノ酸は図6・4に示すように、一個の炭素原子（C）にアミノ基（NH_2）、カルボキシル基（COOH）、水素原子（H）、そして特定の原子団（R）が結合した分子である。この原子団（R）は側鎖と呼ばれており、アミノ酸の種類ごとに異なっている。生物体、具体的には細胞を構成するばかりでなく、さまざまな生命現象の直接的な担《にな》い手でも

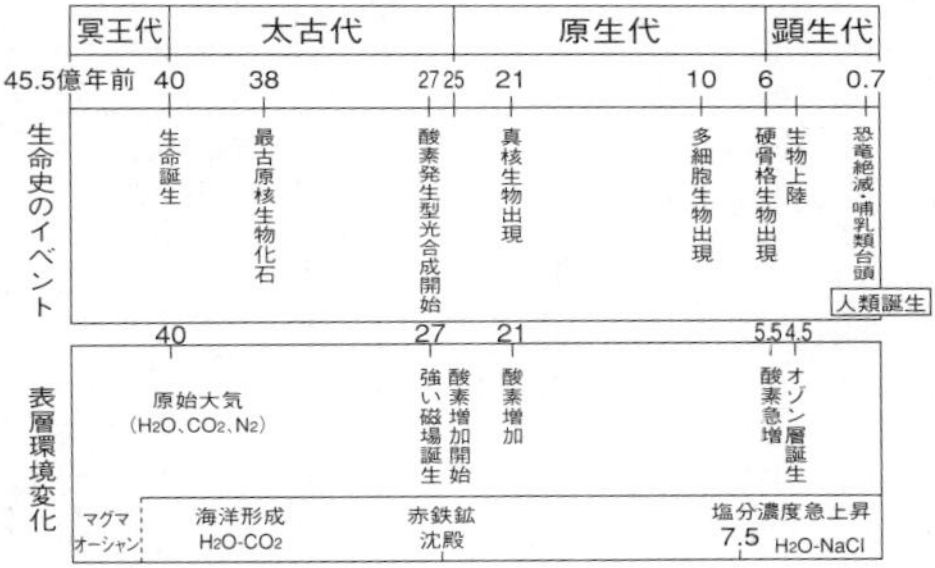

図6.2　地球と生命の歴史
（丸山、磯崎『生命と地球の歴史』岩波新書、1998より、一部改変）

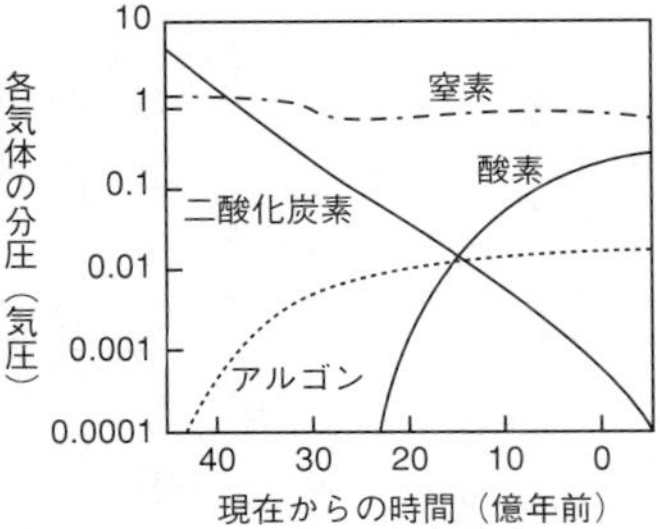

図6.3　地球の大気組成の定量的変化
（田近、1995；丸山、磯崎『生命と地球の歴史』より）

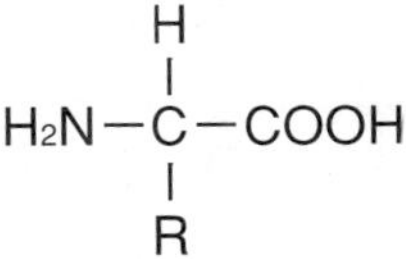

図6.4　アミノ酸の構造式

あるタンパク質は、二〇種類のアミノ酸が鎖状に連結して作られている(58)。

つまり、生命体の主要な〝材料〟は炭素（C）、窒素（N）、酸素（O）、水素（H）の軽元素であり、これらの〝材料〟が地球に存在することが生命誕生の必須《ひっす》条件となる（それらの元素を〝材料〟とする生命のみが誕生し得るともいえるが）。それらの〝材料〟は宇宙空間から地球に〝飛来〟したとしてもよいが、この地球上に生命が誕生するのは、やはり地球表層部の環境が安定し、海洋と原始大気が形成された以降であり、約四〇億年前のことと考えられている。そして、実際に、約三八億年前に生命体が存在していた証拠（「化学化石」）が得られている(57)。

共シンカ

地球は約四五・五億年前の誕生以来、非定常的変化を遂げて今日に至っている。具体的にいえば、地球の構造的、物理的、化学的、そして磁気的変化は定常的ではなかったのである。地球はしばしば急激に変化した（丸山、磯崎は、地球史の中で起こった最も重要な〝事件〟を〝地球史七大事件〟と呼んでいる(57)）。

既に述べたように、生命の誕生は地球の海洋と大気の形成とに依存していた。さらに、地球の〝変化〟が生物のシンカに大きな影響を与えぬはずはないだろう。生物を形成するのは物質であり、生命を有する生物の特徴は「環境に応じて活動し、成長し、分化し、シンカすること」だからである。

さらに、地球の大気、土壌は、例えば生物の光合成や呼吸、そして成分によって大きく変化するだろう。つまり、生物自体も地球環境に大きな影響を与えるということである。近年、生物の一種である人類の、他の生物と比べて群を抜く旺盛《おうせい》な活動の結果、地球環境が大きく変えられつつあるのも、その実例の一つである。〝変えられた環境〟の中で生存するためには、生物もそれに応じて変化、つまり適応していかなければならない。

このように、地球と生物とが相互に影響を与えながらシンカしてきた（している）ことを意味するのが「共シンカ」である。

従来、一般的に、「地球史」と「生命・生物史」は別個に論じられてきたが、丸山らの著作(57)は、地球と生物とが相互に強く影響を与えながらシンカする「共シンカ」を論じている点が傑出している。そのため、両者のシンカの過程の説明は、極めて説得力のあるものとなっている。

要は、考えてみれば当然のことではあるが、地球上の生命・生物の誕生とシンカが、地球そのものの、広い意味での〝環境〟に左右されていると同時に、地球自体の〝環境〟も生命・生物の誕生とシンカに影響を受けてきたということである。

生物と地球の共シンカの様子は図6・2、6・5にまとめられる。

既に述べたことだが、およそ四〇億年前の原始生命の誕生は、地球表層部の環境が安定化し、地球が原始大気に覆《おお》われたことと無関係ではない。原始地球の海洋や大気には、現在のように気体としての酸素が含まれていなかったから強い還元状態にあった。したがって、原始地球上に生存可能なのは酸素を必要としない、あるいは酸素を嫌う生物（〟嫌気性生物〟）に限られた。

真核生物（後述）の出現や生物の大型化（細胞の大型化、多細胞生物の出現）は大気中の酸素量の増加と密接に関係するが、その発端は光合成をするシアノバクテリア（藍藻《らんそう》）が出現し、海水中の酸素量が増大したことである。

約一〇億年前には藻類が浅海に進出することによって大気中の酸素量が急増し、大気上層部にオゾン（O_3）層が形成されると陸上に生物が出現するようになる。それまで生物の陸上進出を拒んできた太陽からの強い紫外線をオゾン層が吸収してくれるようになったからである。

このような共シンカの結果、現在、この地球上には動物、植物、菌類（微生物）を含め、三〇〇万から五〇〇〇万種といわれる多様な生物が存在するに至っている(59)。こ

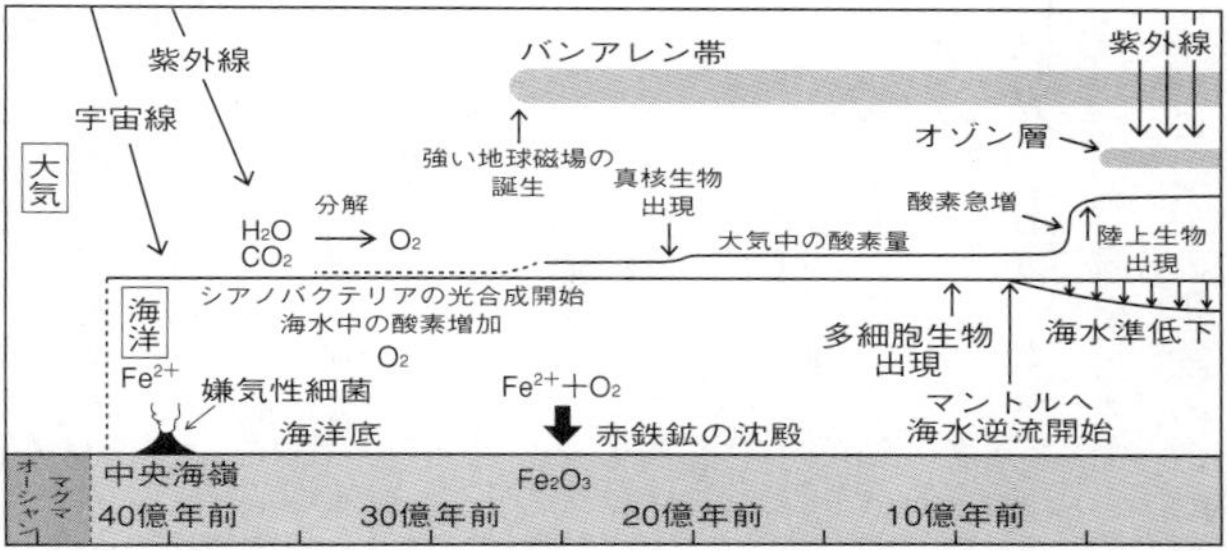

図6.5　地球と生物の共シンカ（丸山、磯崎『生命と地球の歴史』より）

の地球上に現存する生物種の数は確かに膨大に思えるが、実は、この地球上に現われた生物種のうち九五％[60]あるいは九九・九％[61]が絶滅したという説もある。そして、現在は「開発」による熱帯雨林の激減や砂漠化の進行、オゾン層の破壊、地球の温暖化、酸性雨の影響などによって、生物種の絶滅は加速されつつあり、年間五万種の生物が絶滅の危機に瀕《ひん》しているといわれる。

これも、共シンカの一つの側面である。

ところで、動物の分類上、ヒト（人類）は哺乳類《ほにゅうるい》、霊長目《もく》（サル類）の中の一種である。サル（類人猿）からヒトが分かれた（サルからヒトへシンカした）、つまり人類が誕生したのはおよそ五〇〇万年前と考えられている。約四五・五億年前の地球の誕生以来現在まで、この地球には多種多様な生物が共シンカによって出現したわけであるが、この四五・五億年の地球・生命・生物史を一年に短縮して眺めたのが図6・6である。この図を見ると、地球の生命・生物史の大半の時間が微生物に占められていることがわかる。また、人類が、この地球上の生物の中で、いかに〝新参者〟であるかがわかる。新参者にも拘《かか》わらず、誠に傍若無人に活動し、この地球環境を急速に変化させている、はっきりいえば悪化させている生物種が、われわれ人類なのである(6)、(56)。われわれは、このことをはっきりと知っておくべきであろう。

余談ながら、読者のみなさんの年齢はいくつだろうか。

私はいま五七歳である。最長寿の人でもせいぜい一二〇歳程度だろうから、読者のみなさんの年齢も、それ以下であることは間違いない。

確かに、この原稿執筆時の私の「志村史夫」としての年齢は五七歳であるが、「生物」としての年齢は約四〇億歳である。読者のみなさんの場合も同様である。およそ四〇億年前、この地球上に原始生命が誕生して以来、一瞬たりとも途切れることなく生き続け、シンカしてきた結果が現在の〝われわれ〟である。地球上のすべての生物も同様である。すべての生物の年齢は、約四〇億歳である。生まれたばかりの赤ん坊と、一〇〇歳を超えた〝老人〟とは大きな差があるようであるが、約四〇億歳という生物としての年齢のことを考えれば、一〇〇歳の差など誤差以下の差であろう。

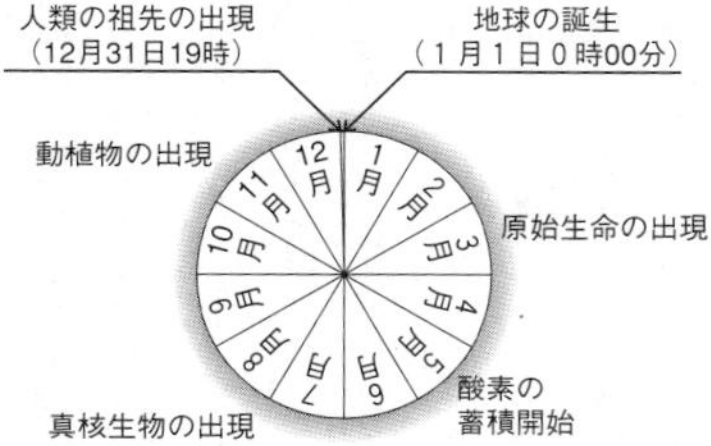

図6.6　地球・生命・生物史カレンダー（志村史夫『生物の超技術』より）

われわれ個人の肉体はわれわれ個人だけのものではない。われわれの肉体はわれわれの私物ではない。子供は両親の所有物ではない。およそ四〇億年間にわたる生命活動の積み重ねの結果が現在の〝われわれ〟である。だからこそ、われわれの生命も他人の生命も、他の生物の生命も大切にしなければならないのである。例えば、一つの生命、一人の人間を殺すことは、そこに至る約四〇億年の生命の積み重ねを殺すことである。約四〇億年にわたる生命の歴史の幕を閉じさせることである。

また、子孫を遺《のこ》す限り、〝われわれ〟の生命は不死である。

生物のアトモス・細胞

物質を極限まで細分していくと、原子を経て電子、クォークの〝アトモス（不可分割素）〟にいきつくことを第二章で述べた（49ページの図2・2）。

同様に、生命体・生物体を細分していった時、これ以上細分したら〝生きている〟という状態を保てなくなる限界が存在するが、それが細胞である。細胞を形成するのも原子であり、細胞をさらに物理的に細分するのは可能であるが、細胞を細分化したら生物が有する生命が失われてしまうのである。つまり、生物の構造上の〝アトモス〟は細胞である。細胞は、それ自身で生命活動を営むことができる。ちなみに、われわれの身体《からだ》はさまざまな形と大きさの一〇〇種類以上の細胞が一〇〇兆個ほど集まって形成されている。

いま述べたように、すべての生物の基本構成単位は細胞であり、その種類も多様なのであるが、細胞は図6・7に示すように、大きく真核細胞と原核細胞に分けられる。これらの細胞間の相違は、文字通り、〝核〟の有無にある。

いずれの場合も、細胞は細胞膜（細胞壁）で囲まれており、その中は細胞質ゾルと呼ばれる液体で満たされている。ちなみに、〝ゾル〟とは液体の中に細かい粒子が分散したものである（それに対し、液体のような流動性を持たないものを〝ゲル〟と呼ぶ）。細胞質ゾル中には、いくつかの細胞小器官がある。

生物の遺伝子は核酸の一種のＤＮＡであるが、真核細胞の場合、このＤＮＡは核膜

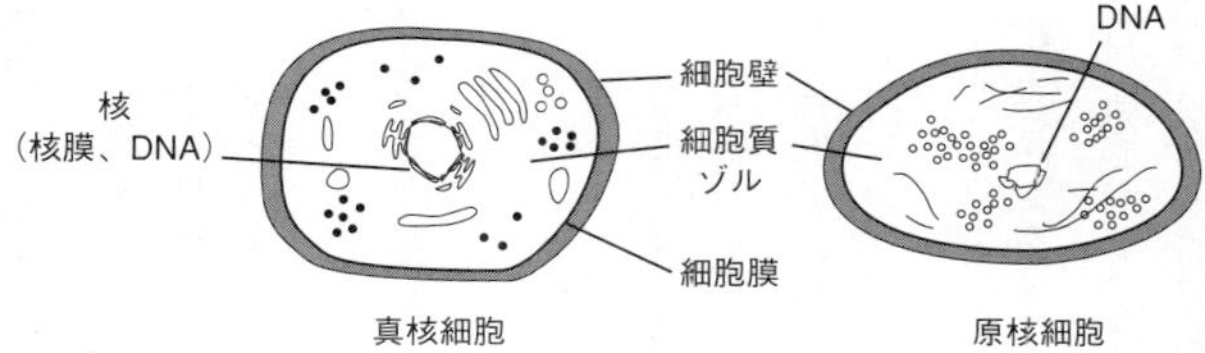

図6.7　細胞の基本構造

に囲まれて核の中に存在する。一方、原核細胞には核がなく、DNAは細胞質ゾルの中で〝裸〟の状態で存在する。また、原核細胞中の細胞小器官は真核細胞のものと比べ圧倒的に少ない。

細菌や210ページに登場したシアノバクテリアの細胞は原核細胞で、その他のすべての生物（動植物）の細胞は真核細胞である。前者は原核生物（あるいは原始生命）、後者は真核生物と呼ばれる。

図6・2、6・5に示されるように、この地球上において原始生命の誕生から真核生物の誕生まで、およそ二〇億年という長い年月を要したのである。

単細胞生物と多細胞生物

生物はさまざまな観点から分類され得るが、その生物を構成する細胞の数から〝単細胞生物〟と〝多細胞生物〟に分けられる。

単細胞生物は生まれてから死ぬまで一個の細胞で生活する生物である。つまり、単細胞生物の一個の細胞は生命を保持するのに必要なすべての機能を備えていることになる。単細胞生物はシンカの最も初期段階にある生物とされ、細菌などの原核生物やゾウリムシなどの繊毛虫類などの〝原始的虫類〟や珪藻《けいそう》類の大部分が単細胞生物である。

単細胞生物の代表として「生物」の教科書などでなじみ深いのはアメーバ（図6・8）である。

アメーバは池や水槽などの底の腐敗植物上などをはいまわっている原生小動物で、大きさは最大級のものでも一ミリメートル程度である。その身体は図6・8に描かれるように不規則な形をしており、身体の一部を伸ばして（この部分を〝仮足〟と呼ぶ）、その方向に流れるように動き、食物（細菌や小さな藻）を見つけると、それを仮足で取り囲んで自分の身体の中に入れてしまう。そして、食物は食胞と呼ばれる泡のような〝消化器官〟に取り込まれて消化される。このほか、アメーバは収縮胞と呼ばれる体中水分の〝調節器官〟を一つの細胞の中に持っている。アメーバを含むすべての単細胞生物は細胞が分裂することによって増殖する。単細胞生物の特徴の一つは、このような細胞分裂増殖である。

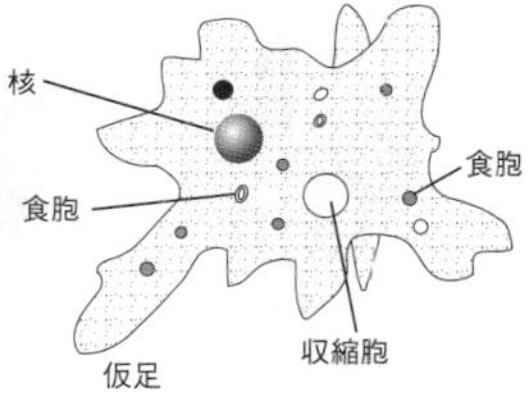

図6.8　アメーバ

一方、多数の細胞から成る生物が多細胞生物であるが、単純に細胞の数が多いことだけが重要なのではなく、多くの分化した細胞が寄り集まって一つの個体を構成していることが重要なのである。つまり、多細胞生物を構成している細胞はそれぞれに分化し、生活に必要な機能のそれぞれの役割分担を持っているのである。われわれが日常的に接する大多数の生物は多細胞生物である。

図6・2、6・5に示されるように、地球上に多細胞生物が登場するのは約一〇億年前である。つまり、単細胞の真核生物から多細胞生物までのシンカにおよそ一〇億年を要したことになる。この単細胞生物から多細胞生物へのシンカの過程については不明であるが、生物の多細胞化は、生物の大型化、多様化の必須条件であろうことを考えると、「多細胞生物の出現は生物進化史のなかでもっとも重要なできごとの一つ」(57)で

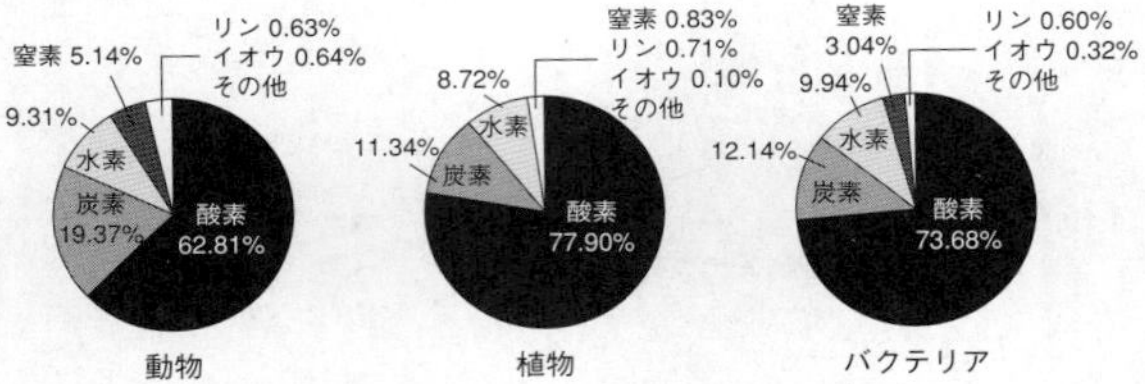

図6.9　生物を構成する元素（新免輝男『細胞のしくみ』ナツメ社、2000より）

あることがよくわかる。

生物の組成

地球上の生命の誕生、生物のシンカが地球環境に存在する元素に強く依存したこと、つまり地球と生物の〝共シンカ〟については図6・5で説明した通りである。生物を含むすべての物質を構成するのが元素であることを考えれば当然のことでもあろう。

生物の主要成分が炭素、窒素、酸素、水素であることは既に208ページで述べたが、ここで生物、つまり細胞の構成元素の組成をみておこう。代表的な動物（ヒト）、植物そしてバクテリアの組成を図6・9に示す。

動物、植物、バクテリアの間で多少の量的な違いはあるが、いずれの場合も前記の四大元素で約九七％、それにリンとイオウを加えた六元素で約九八％が占められているのは共通である。

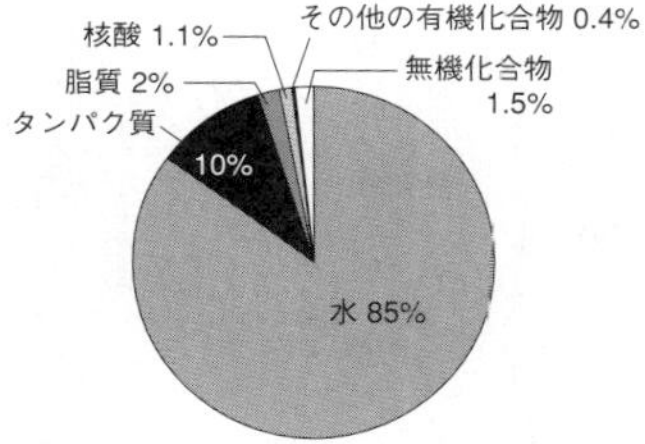

図6.10　細胞を構成する分子（新免輝男『細胞のしくみ』より）

次に、一般的な細胞の組成を分子レベルでみれば、図6・10のようになっている。この図から、生物体のほとんどは水であり、生物にとって、水（の質）がいかに重要なものであるかが理解できるだろう。つまり、地球以外の天体に生命体・生物が存在する（存在した）かどうかの判断の決め手は水が存在する（存在した）かどうかなのである。火星探査などで水の痕跡《こんせき》を探すことが重視されているのは、このためである。水を必要としない生命体・生物が存在しない限り、〝火星人〟の存在は火星における水の存在の有無に掛かっているわけである。

生物の構造と機能

生物（生きもの）の無生物と異なる顕著な特徴は、それが自己を複製し、増殖し、環境に応じて行動し、成長し、分化し、シンカすることにある。そのような生物の構造と機能についてはいまだに神秘性に満ち、未解明な部分が少なくないが、生物を一つの機械とみなし（それは不遜《ふそん》なことではあるが）、人間が作る機械と比較対照すると理解しやすいと思われる。このような視点で生命・生物をとらえるのを〝機械論的生命観〟あるいは〝工学的生命観〟(62)と呼ぶ。

表6・1は〝機械〟としての生物（天然の機械）を人間が作る機械と比較対照するものである。

このように、生物体を改めて一つの〝機械〟として眺め、また、それが人間の機械と比べれば気が遠くなるほどの歴史を持っていることを考えると、生物の偉大さに敬服せざるを得ない(56)。また、さらに、虫メガネで見なければ見えないような小さな虫でさえも表6・1に示されるような構造と機能を持っていることを思うと、生物に対する畏敬《いけい》の念を強くする。

また、生物の構造と機能を〝都市〟のそれらと対照して考えるのも興味深い(62)、(63)。そして同時に、都市を生物と対照させて考えることは「人間が居住し社会を形成している都市や建築を地球上の生物生態系の一員として、正しく認識」(63)することでもあり、そのような認識は、人間文明の自然破壊に歯止めを掛け、ひいては、一生物種としての人間の本来の居住空間を実現する助けとなるであろう。

生物の機械	人間の機械
微小管、繊維	支柱、ケーブル
細胞壁、外骨格	壁、組枠
鞭毛モータ	回転モータ
筋肉すべり機構	リニアモータ
アロステリック変位	差動ギア
小胞	袋、容器
血管	輸送ダクト、パイプライン
原形質流動、繊毛、心臓	送液、ポンプ
酵素	触媒、はさみ
タンパク質ー基質結合	のり、クランプ
抗体、分子認識	分別吸着、選鉱

表6.1
生物と人間の機械との比較
（永山國昭『生命と物質』東京大学出版会、1999より）

都市は「生活する人間社会の機能的側面と、人間の肉体的ならびに物質的文化の蓄積としての空間的側面を合わせもち、しかも固定的なものではなくあらゆる変化を内包」(63)している。つまり、都市は〝機能的空間〟である。

ところで、〝機能的空間〟すなわち〝生きている状態〟と単なる空間との根本的な違いは何か。岡秀隆・藤井純子著『アメニティ都市』(63)は、図6・11を用いて見事に説明する。

つまり、「人間と一体となった状態の建築や自動車や金槌《かなづち》は人間・物質的文化系として、機能的空間として生きているものに普遍的な特性を示しており、それは生きているものと考えて何らおかしくないということになる。（中略）生きている人間個体とは、生きている機能的かつ空間的なもののみを指すのであり、死んだ人間の肉体を遺骸《いがい》とか死体と呼び、生きている人間と区別するのは、それが単なる空間的なものになってしまっているからである。都市も全く同じであり、人間社会を別にした建物や道路の集積は都市ではなく、単なる空間的なものというだけに過ぎないのである」(63)。

また、「生物という以上はかならず構造的即機能的な存在であり、身体的即生命的な存在でなければならない」(64)とすれば、生物も〝機能的空間〟である。そして、「構造機能の相即が成立するところには構造がさきにあるのでも、機能がさきにあるのでもない。機能が構造を維持するために存在するのだと考えられるとともに、構造が機能を維持するために存在するのだというようにも考えられる」(64)のである。このような、構造と機能の〝相補性〟が生物の(そして、都市の)大きな特徴であろう。

また、機能的空間である生物と都市の構造の共通の特徴は、それらがいずれも階層構造を成していることである。それを極めて簡潔に描けば、図6・12のようになるだろう。そして、自然界や人間社会空間(人間界)は、それらの構成要素(△)によって、図6・13に示すように、フラクタル状の構造を持つことになる。フラクタルとは、任意の一部分が常に全体の形と相似になるような図形のことである。

しかし、生物と自然界、都市と人間界の構造と機能は単に幾何学的なフラクタル図形で説明され得るものではない。各構成要素は相互に作用を及ぼし合いながら全体を

図6.11　単なる空間的存在と機能的空間
（岡秀隆・藤井純子『アメニティ都市』丸善ブックス、2000より）

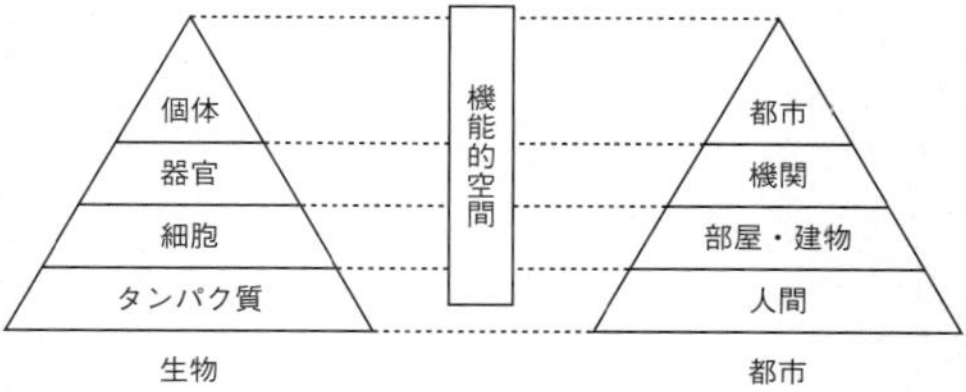

図6.12　生物と都市の階層構造

図6.13　フラクタル

造り上げており、その全体はまた各構成要素に個別の影響を与えることになる。それは、まさにマンダラ（曼荼羅）の世界⒃を髣髴《ほうふつ》させ、大宇宙（自然界）と小宇宙（生物個体）が本来は一つのものであるというヒンドゥー教の聖典タントラ⒃、⒂を思い起こさせるものである。

第六章のまとめ

- ●生物は無秩序から秩序へ自己組織化するものであり、〝生きている状態〟とは、そのような自己組織化の過程にあること、また、秩序ある運動状態を保っていることである。
- ●生命の本質は物質を秩序正しく統合し、相互に連関させる力である。
- ●地球上の生命体は地球との共シンカの結果である。
- ●生物の〝アトモス〟は細胞である。
- ●生物と都市の構造・機能にはさまざまな共通点がみられ、それらを特徴づけるのは相互作用を及ぼし合う「階層構造」である。

第七章　物質から生命へ

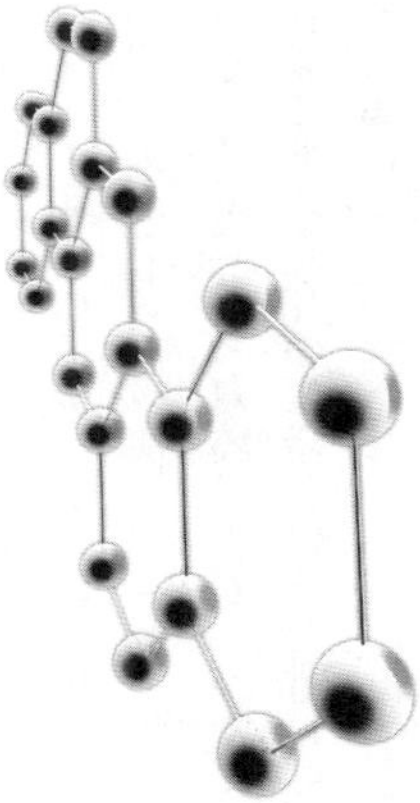

いままで、物質、宇宙、生命・生物のそれぞれについて述べてきた。われわれは、いよいよ、これから、物質から生命・生物がいかに生まれたのか、について考えてみようとしている。

しかし、「生命はどのようにして始まったのか」、「生物はどのようにしてシンカしてきたのか」は、物理学や生命科学分野の最高頭脳の積年の研究、努力にも拘《かか》わらず、依然として多くの謎《なぞ》に包まれた未解決科学問題の一つである(65)。仮に、「バイオテクノロジー」によって試験管内で、「原始生命」が人工的に作られることがあったにしても、それは、四〇億年ほどのシンカを経た結果である現在の生命とはほど遠いものであることは明白であろう。だとすれば、究極において、われわれが宇宙の誕生をわれわれの〝知性〟で理解し得ないのと同様に、われわれの知性が生命の誕生を理解することもあり得ないことのように思える。

それでも、われわれが第三章で、宇宙誕生の〝直後〟以降を理解しようと努力したように、これから「物質から生命へ」を考えてみたいと思う。

生命哲学

近代・現代科学史を俯瞰《ふかん》し、二〇世紀を「物理学の時代」と呼ぶとすれば、二一世紀が「生命科学の時代」となるであろうことは間違いないと思われる。

このような情勢を反映し、近年、「生命科学」に関する入門書、専門書が多数発刊されている。また「生命科学」を看板に掲げる大学の学部、学科の新設（あるいは改組）も少なくない。しかし、「生命科学」はあくまでも生命の科学であり、それが対象とするのは主として、誕生以降の生命というモノである。また、「生命と科学」というものもあるが、それも事情は変わらない。

長年、物理学、特に物質科学の分野で仕事をしてきた私がこれから述べようとするのは「生命科学」でも「生命と科学」でもない（私には、その素養も資格もない）。それは「生命哲学」あるいは形而上学《けいじじょうがく》的「物質・生命論」というべきものかも知れないことをあらかじめお断りしておきたい。

現代を代表する物理学者あるいは化学者であるハイゼンベルク、シュレーディンガー、*モノー、*プリゴジン、ボームらも、それぞれの専門領域から派生する「生命哲学」を述べているが、はっきりと「生命哲学」の名のもとに「哲学者」を一人挙げるとすれば*ベルクソンだと思われる。

ベルクソンはデカルト、*パスカルとともにフランスを代表する哲学者であり、近現代西欧哲学の展開に重要な役割を果たした一人である(66)、(67)。

ベルクソンをして一躍「生命の哲学者」たらしめたのは、後年「二〇世紀における画期的な哲学書」と呼ばれる、一九〇七年に刊行された『創造的進化』(68)である。そこには、「生命科学」を土台にしたベルクソンの「生命哲学」が余すところなく述べられている。その大著『創造的進化』公刊の四年後（一九一一年）、バーミンガム大学で行なった「ハクスリ記念講演」の講演録「意識と生命」(69)にはベルクソンの「生命哲学」が凝縮されている。

さて、私がここで「生命哲学」なる哲学を持ち出したことを唐突に思われた読者も少なくないのではないだろうか。

モノー (Monod, Jacques Lucien)
一九一〇―一九七六。フランスの生化学者。タンパク質合成の調節機構に関し、フランソワ・ジャコブらとともに、オペロン（遺伝子）説を提唱した。一九六五年にノーベル生理学医学賞を受賞した。

プリゴジン (Prigogine, Ilya)
一九一七―二〇〇三。ベルギーの化学者。非可逆過程の熱力学を体系化した。さらに、非平衡状態にある開放系の物理学と化学を一貫して追究した。一九七七年にノーベル化学賞を受賞した。

ベルクソン（Bergson, Henri Louis）
一八五九－一九四一。フランスの哲学者。自然科学的世界観に反対し、直観や本能によって認識される純粋持続としての実在論を構築した。一九二七年にノーベル文学賞を受賞した。

パスカル（Pascal, Blaise）
一六二三－一六六二。フランスの哲学者、物理学者、数学者。大気圧・液体圧に関する研究を行い、「パスカルの法則」を発見した。人間は葦《あし》のように弱く、無に等しい存在であるが、「考える葦」という点で偉大な存在であり、これを救うものはキリスト教であると主張した。

われわれは、一般に、ものを知ろうとする場合、二つの方法をとる。一つは、知ろうとする対象を外から眺める方法であり、他はその対象を内からとらえる方法である。第一の方法を採用するのが科学であり、第二の方法を採用するのが哲学であるといえよう[67]。ものを本当に知るためには科学と哲学の両者が不可欠であることは明らかであろう。しかし、両者にはそれぞれの限界がある。したがって、科学と哲学は互いに相補的でなければならない。

本章の冒頭、あるいは第三章でも触れたことだが、科学という手段によって〝自然〟を知ることには限界がある。そもそも「自然科学というものは、自然のすべてを知っている、あるいは知るべき学問」ではなく、「自然現象の中から、科学が取り扱い得る面だけを抜き出して、その面に当てはめるべき学問」であり、「科学は自然の実態を探るとはいうものの、けっきょく広い意味での人間の利益に役立つように見た自然の姿が、すなわち科学の見た自然の実態」(70)だからである。

科学は人間の知性の産物であるが、その〝知性〟についてベルクソンは「知性は、何らか任意の法則にしたがって分解し、何らか任意の体系へと再構成し得る限りなき能力として特徴づけられる」また「知性とは、その根原的な歩みと思われる点から考察するならば、人為的なものをつくる能力、とくに道具をつくるための道具をつくる能力であり、またかかる製作を無限に変化させる能力である」(68)と述べている。

つまり、科学はあくまでも、実在認識のための知性的な手段であり、そのような手段によって、「物質から生命へ」を知ることができるとは、私には思えないのである。ベルクソン流にいえば、真実を知るには、内からとらえる哲学的認識が必要であり、そのためには、知性以外の認識能力、すなわち〝直観〟を用いなければならない。いうまでもないことだが、ベルクソンの著作が極めて理知的で、分析的であることからも明らかなように、ベルクソンは知性を否定するものではないし、知性の重要性も強く主張しているのである。

私は、ベルクソンの「知性は、無生物を扱うのにかくも巧みでありながら、ひとたび生物に触れると、たちまち自分の無器用さを暴露する。身体の生命あるいは精神の生命を扱うときにも、知性は、そういう用途のためのものでない道具を用いて、きびしく、ぎこちなく、ひどいやりかたをする」や「知性は、生命についての自然的な無理解によって特徴づけられる」(68)という言葉にも勇気づけられ、「物質から生命へ」の直観的理解に努めたいと思う。

結晶と生物

生物は、図6・12、6・13に示したような階層構造とフラクタル構造から成る独自の統一構造を持ち、〝負のエントロピー〟を食べながら無秩序から秩序へ自己組織化する有機体である。

無生物であっても、例えば第五章で述べた結晶も無秩序から秩序へ自己組織化した成果としての独自の統一構造を持つ。図2・15(76ページ)に示した雪の結晶はそのような自己組織化の見事な結果の一例である。また、図5・7(187ページ)は、その過程を示すものであった。

このように、無機体である結晶と有機体である生物の生長、形成過程には極めて興味深い類似性が見出《みいだ》される。繰り返し述べてきたように、無機体(無生物)であれ有機体(生物)であれ、それらが〝物質〟であることに変りはなく、その物質を構成するのは共通の元素である。無機体である結晶も有機体である生物も、共通の元素が無秩序から秩序へ自己組織化した結果の集合体である。だとすれば、有機体である生物も結晶の一つ（極めて特殊な結晶であることは異論を挟む余地がないが）にすぎないのだろうか。

その問に対する答は「否《いな》」である。構造と機能の点において、その両者間に厳然たる相違がある。

それでも、第五章で述べた結晶の生長過程は、「物質から生命へ」を理解する上での大きなヒントを与えてくれるだろう。確かに、図5・7（187ページ）に示されるような雪の結晶の成長過程を見れば、それがあたかも生命を持っているかのような気持にさせられる。

しかし、残念ながら、構造と機能の点において、無機体である結晶と有機体である生物との間には厳然たる相違があるのである。

前章で述べたように、生物の各部分を構成するのは細胞であるが、「生物体は、たがいに補足しあう異質的な諸部分から成って」おり、「また、たがいに連関するさまざまな機能をいとなむ」が、「結晶体は、部分相互間の異質性も機能の多様性ももたない」(68)のである。

二〇世紀後半に開花したエレクトロニクス文明を支える半導体分野においては、部分相互間の異質性と機能の多様性を持つ〝ヘテロ構造〟の結晶が人工的に作られ[71]、それらが〝都市〟の中で活躍してはいるが、それはあくまでも生物の一種である人間の〝作品〟である。やはり、部分相互間の異質性と機能の多様性を持つ無機的結晶が自然界で生長することはないのである。

また、自然界には、多数の結晶組織から成る〝多結晶〟と呼ばれる物質[72]が存在するが、やはり、それも部分相互間の異質性と機能の多様性を持つものではない。マクロに見れば、無機的結晶の構造は一様であり、その性質（機能）はそれぞれの結晶構造に即して一定である。そして、無機的結晶の構造も機能も物理学と化学とによって十分に解明し得るものである。

生物も物質から成る以上、物理学と化学とで解明できるはずである。つまり、「物質から生命へ」は物理学と化学とで説明できるはずである。もし現在の物理学と化学の発達段階が不十分であるというのであれば、将来の物理学と化学がそれを解明してくれるはずだ。

しかし、既に何度か述べたように、物理、化学を含む「科学」（それは人間の知的産物である）をもって、生物を究極的に理解するのは不可能に思える。ベルクソンは、生物を物理学的、化学的見地だけから研究することに専心する者を、レトルト（蒸留などの化学実験に用いるガラス製器具の一種）の中の物質を研究する学者にたとえている[68]。その学者に、レトルトの中の物質は理解できてもレトルトそのものを理解することはできないというのである。

有機体の生物を無機体の結晶と分かつ根源が生命であり、その生命が「物質を組織し、個体を形成し、種を形成していく無限の力であり、どこまでも自己を創造していこうとする目に見えない意志」[2]であるとすれば、前述のベルクソンがいうところの人間の知性で生命を理解しようとするのは無理なのではないか。目に見えない意志を科学で理解しようとするのは無理ではないか。物質と生命との境界には文字通り人智《じんち》を超えた大きな壁が横たわっているように思われる。

物質とエネルギー

物質はものであって、ある実質があるものである。物質の〝実質〟あるいは〝量〟を物理学では〝質量〟という。それは、物質（物体）が持っている本来の特性（〝実質〟）の一つであり、日常用語の〝重さ〟の元である。質量をmとすれば、重さはmに重力の加速度gを掛けたmgである。gは場所によって変化するから〝重さ〟は場所によって変化する。それに対し、〝質量〟は物質が持っている本来の特性であるから場所によって変化することがない。

いい方を換えれば、質量を持つものが物質である。

生物であれ無生物であれ、すべての物質・物体の活動あるいは運動の源がエネルギーである。時代や社会や経済などが動く場合にもエネルギーが必要である。世の中には精神的エネルギーを含む多種多様なエネルギーがあるが、自然科学におけるエネルギーは「自然界に起こるさまざまな現象の原動力になる能力」と考えればよい。

あらゆる自然科学の分野で最も重要な概念は、このエネルギーと物質（質量）である。宇宙、自然界は物質とエネルギーの組み合わせで構成され、動いている。物質が構成要素であり、その構成要素を動かすのがエネルギーである。自然科学が扱うエネルギーには、その〝源〟の種類や性質によって、力学的エネルギー、光エネルギー、熱エネルギー、電気エネルギー、化学エネルギー、核（原子力）エネルギーなどと呼ばれるものがある。

物質は具体的であるが、エネルギーは抽象的である。エネルギーそのものを人間の五官で〝形〟として認識することはできない。エネルギーという〝能力〟の結果は〝形〟として見ることができても、能力自体を〝形〟として見ることはできないのである。

従来、具体的には二〇世紀の初頭の「自然観革命」(29)が起こるまで、この質量とエネルギーは互いに〝別次元のモノ〟つまり〝別モノ〟と考えられ、それぞれ、自然科学上の重要な法則である「質量不変(保存)の法則」と「エネルギー不滅の法則」が知られていた。

前者は、物質は形や状態がどのように変化しても、その総質量は不変であるという法則である。また後者は、前述のようにエネルギーは多種多様であるが、それがどのようなものに変り、どのように分散されたにせよ、その総量は不変・不滅であるという法則である。

ところが、アインシュタインが一九〇五年に発表した特殊相対性理論から、「物質(質量)とエネルギーとは相互に転換され得る」という、まさに革命的な結論が導かれた。そのことを表わすのが「$E=mc^2$」という有名な式である(Eはエネルギー、mは質量、cは光速)。

つまり、物質(m)は恒存、不変のものではなく、時には消えてなくなることもあるのである。しかし、その場合には$E(=mc^2)$というエネルギーが出現する。逆に、エネルギー(E)も不滅なものではなく、エネルギーが質量$m(=E/c^2)$の物質に変ることもあるのだ。例えば、一グラム（g）の質量（ほぼ一円硬貨一個の質量）はおよそ10^{14}ジュールという膨大な量のエネルギーに相当する。一グラム重の水（体積一立方センチメートル）の温度を一度高めるのに必要なエネルギーが約四・二ジュールであることを考えれば、10^{14}ジュールというエネルギーがいかに膨大なものかが理解できるだろう。日常感覚の一グラムといえば極めてわずかな質量であるが、それが消えると膨大なエネルギーが出現するのである。実は、発電などに利用される原子力というのは、このようにして生まれるエネルギーである。

$E=mc^2$という式は、従来の「質量不変の法則」も「エネルギー不滅の法則」も成り立たないことを示している。そして、それが導く新たな法則は「質量とエネルギーの総和は不変である」ということになる。

いまここで、物質とエネルギーについて述べ、$E=mc^2$という式によって「物質（質量）とエネルギーとは互いに転換され得る」ということを示したのはほかでもない。私は、この$E=mc^2$が「物質から生命へ」を解く鍵《かぎ》になるような気がするからである。

繰り返し述べたように、生物の生物たる根源であり、生物を無生物と分かつ生命が「物質を組織し、個体を形成し、種を形成していく無限の力であり、どこまでも自己を創造していこうとする目に見えない意志」であることを思えば、その目に見えない意志はすなわちエネルギー（E）であり、そのエネルギーは物質（m）を生み、さらに、そのようにして生まれた物質が目に見えない意志であるエネルギー、すなわち生命を生むのではないか。

限界を有する科学的領域を超えることはできないが、人間の知的産物の極致と思われるアインシュタインの特殊相対性理論から導かれた「$E=mc^2$」こそ、「物質から生命へ」を、少なくとも科学的に、理解するための道標あるいは光明ではないかと、私には思えるのである。

生命の躍動

長年、自然科学の分野で仕事をしてきた私自身が感じる「科学の限界」は第三章で述べた通りであるが、「$E=mc^2$」は、そのような限界がある科学的にせよ、「物質から生命へ」の理解にかなりの光明を与えてくれるように思える。と同時に、所詮《しょせん》それも、大きな壁に限りなく近づいているだけのことで、その壁を超えることは決してできないのではないか、とも思う。私は、次に引用するベルクソンの「たとえ」(68)が好きである。

曲線のきわめて小さな一要素は、ほとんど直線に近い。この要素を小さくとればとるほど、ますますそれは直線に類似してくるであろう。極限までいけば、この要素は直線の一部であるとも、曲線の一部であるとも、好きなように言うことができよう。事実、曲線はその各点において接線と見わけがつかない。同様に、《生命性》はどの点においても、物理的、化学的な力に接している。けれどもそれらの点は、要するに、曲線を生み出す運動のあれこれの時点を一時停止させてみる精神の眺めでしかない。事実、曲線が多くの直線から成りたっているのではないのと同様に、生命も物理―化学的な諸要素からできているのではない。

結局、われわれは、科学（物理、化学）の力で曲線を極限まで刻んだ直線片をいくら集めてみても、その曲線を真に理解することはできないのではないか。ベルクソンがいみじくもいうように、曲線は多くの直線から成り立っているのではないからである。同様に、生命も物理―化学的な要素だけでできているのではないとすれば、われわれが、物理学と化学、すなわち科学をもって生命を理解するのも不可能であろう。

そこで、「物質から生命へ」を理解する光明と思われた「$E=mc^2$」に立ち戻ってみると、この〝E〟は物理―化学的なEではなく、ベルクソンがいうところの〝生命の躍動（エラン・ヴィタール）〟である、というほかはない。

この〝生命の躍動〟は、「花火の爆発に似ており、生そのものは爆発であり、それが消えて落下するときに生ずる残滓《ざんし》、それが生物体である」また「生命の進化は四つ辻《つじ》に吹きつける突風に似ており、それはただ一方向に前進するだけではなく、右の道へも左の道へも進み、ときには戻ることもある」(67)のである。そして、「生命は諸要素の結合や累積《るいせき》によって進行するのではなく、分離と分裂によって進行する」(68)のである。

ここに至り、アリストテレス以来の目的論的*および機械論的*生命観は完全に否定されることになる。

目的論的生命観
すべての生命現象を、目的の見地から見て規定し、理解しようとする立場のこと。対語：機械論的生命観

機械論的生命観
すべての生命現象を、機械的、必然的な因果作用によって、理解しようとする立場のこと。対語：目的論的生命観

第七章のまとめ

●宇宙の起源と同様に、生命の起源を〝人智〟で理解するのは不可能に思える。

●結晶の生長過程は、生命の誕生を考える上で大きなヒントを与えてはくれるが、無機体と有機体（生命・生物）との境界には人智を超えた壁が横たわっているように思われる。

●特殊相対性理論が教えるところの「物質（質量）とエネルギーとの互換性」が「物質から生命へ」を科学的に理解する道標に思える。

●その〝エネルギー〟は「生命の躍動（エラン・ヴィタール）」である。

●生命を目的論的、機械論的に理解することは不可能であろう。

エピローグ

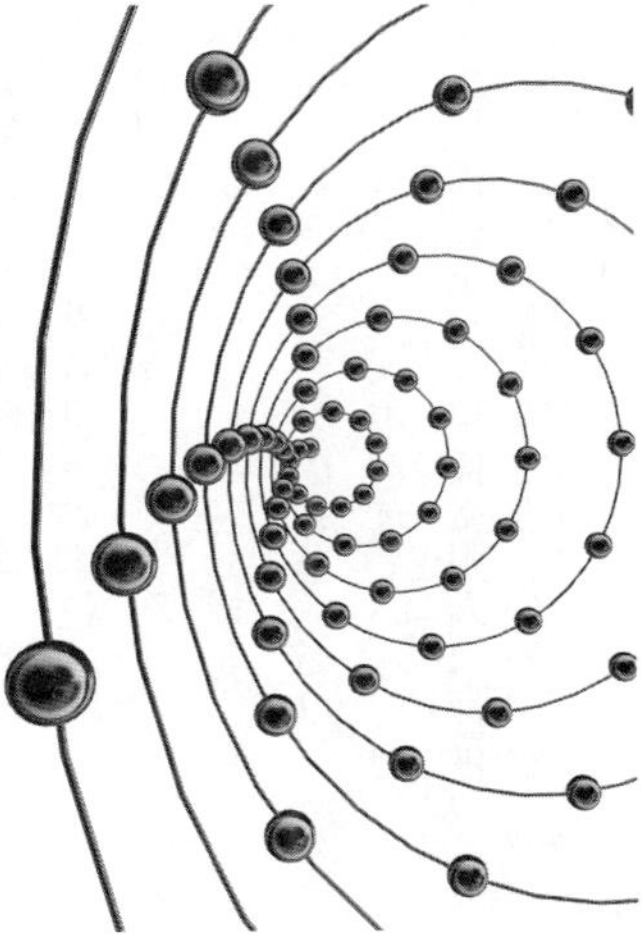

人類の数千年間に及ぶ思考の積み重ねによって、とりわけ二〇世紀になってからの科学と技術の飛躍的進歩によって、われわれは空間・時間・物質・エネルギーがみな互いに関連しているものであることを知った。また、ミクロ世界の素粒子からマクロ世界の宇宙まで、われわれは、すべての物体の根源である物質に関する科学的理解を深めた。さらに、人類の知的好奇心、探究心の〝最後の対象〟の感がある〝生命〟についても、DNAが発見され遺伝情報伝達のメカニズムが科学的に解明されてからは急速に「理解」が進み、その成果はバイオテクノロジーへ応用されている。

人類の知性の産物である科学は、さまざまな技術を生み、現代文明人に物質的繁栄、便利さに満ちた「豊かな」生活をもたらしてくれた[6]。科学が人間自身によって作られた学問であり、技術が明確なる物質的な目的と経済観念を持つものである以上、科学と技術が人類に物質的繁栄と便利さに満ちた「豊かな」生活をもたらしたのは当然といえば当然である。

しかし、一方において、「豊かな」生活を享受《きょうじゅ》する「現代文明人」は精神的病魔に冒されつつあり、また、人類を含むすべての生物の生存の基盤であるこの地球も根源を同じくする病魔に襲われつつあることは、さまざまな社会的、自然的事象から明らかであろう。

人類も、地球も、なぜ、そのような〝病魔〟に襲われなければならないのだろうか。

私はかつて、科学と技術に関する文明史を論じ、「技術が〝進歩〟するにつれて、技術、そしてそれを後押しした科学が、自然と人間から離反していったように思う。それまで自然の中にあった科学と技術が急速に人間が作った社会の中に移行したのである。同時に、〝自然の一員〟であった人間が、〝社会の一員〟に移行した。人間も、科学と技術と同様に自然から離反したのである」と書いた(6)。そのような〝自然からの離反〟が〝病源〟だと思っていた。

しかし、人間の科学が「自然現象の中から再現可能な現象を抜き出して、それを対象として取り扱う学問」であり、「けっきょく広い意味での人間の利益に役立つように見た自然の姿が、すなわち科学の見た自然の実態」(70)だとすれば、人間が作り上げた技術はもとより、科学も、初めから、本来の自然から離反したものであったのだ。それらが未発達の間は、そのような本質的〝離反〟が目立たなかっただけだったのである。

また、「科学」の「科」が「一定の標準を立てて区分けした一つ一つ」(『広辞苑《こうじえん》』)

であることに象徴されるように、人間の作った科学の〝真髄〟は、〝全体〟を〝部分〟に分解し、その部分の構造や機能を明らかにし、〝全体〟をそれら一つ一つの〝部分〟の総和として理解しようとする要素還元主義であった。

しかし、われわれが見てきた物質も宇宙も、そしてとりわけ生命は、〝部分〟あるいは〝要素〟の単なる集合体ではない。〝全体〟は〝部分〟に依存し、〝部分〟は〝全体〟に依存している。そして、〝部分〟と〝全体〟は相互作用し、また、相互依存関係にあって内蔵秩序を保つのである。森羅万象は「一如《いちによ》」「不二」「一即多、多即一」を具現したものである。

また、要素還元主義の科学の基盤は「実験によって事象が確かめられること」、そして「再現性のある結果が得られること」である（もっとも、そのような〝実験〟も〝再現性〟も人間の科学の範囲内でのことなのだが）。しかし、人類の知的産物である科学と技術をどれだけ駆使しようとも、宇宙の創成や生命の誕生とシンカを実験によって確かめるのは不可能である。将来的にも、人間が人間である限り不可能であろう。

さらに、この宇宙の誕生とシンカ、この地球の誕生、そして、この地球上における生命の誕生とシンカを考えると、それらが十の何十乗分の一かも知れない偶然の組み合わせの結果であることがわかる。それは、最先端のコンピューターを駆使しても予測し得ないほどの偶然の組み合わせのように思われる。ところが、「我々の宇宙は不思議なくらい、生命を生み出すのに都合がいいように微調整されている」(73)のである。つまり、われわれの宇宙（物質）、地球、そして生命が単なる〝偶然〟の結果の産物とはどうしても思えないのである。人智《じんち》が及ばない〝何もの〟かによって微調整されたのである。

　ここに至り私は、物質・宇宙・生命の根源そして「物質から生命へ」を人間の科学で理解しようとすることの限界をはっきりと自覚せざるを得ない。われわれが科学的に理解する物質・宇宙・生命は、あくまでも人間の科学的な物質・宇宙・生命なのである。

　はっきり言おう。

私は「創造主」（「神」）の存在を信じたい。少なくとも、私にとっては、「創造主」（「神」）が存在すると仮定した方が、物質・宇宙・生命をより深く理解しやすい。もちろん、われわれは「神」が存在するか否《いな》かを証明できないので、その「議論」は哲学あるいは宗教の範疇《はんちゅう》に入る。

　しかし、科学者が本当に、「神」あるいは「宗教」を信じるのだろうか。科学者に本当に、「神」あるいは「宗教」が信じられるのだろうか。科学者は「神」あるいは

「宗教」を信じてよいのだろうか。科学者の端くれである私は真剣に考えざるを得ない。

二〇世紀最高の科学者・アインシュタインが、そのことを誠に適確に述べているように思われる。以下、少々長くなるが引用したい(74)。

「科学者は出来事の過程が祈りによって、つまり超自然的存在に対して提出された願いによって影響されうることを信じる傾向はほとんどないでしょう。

他方、科学に真面目に従事している誰もが、自然の法則が、人間をはるかに超えた精神、つまりその前では、人間は自分の力を過信することなく、謙虚に頭を下げねばならない精神を露《あら》わにしているという確信に到達します。こうして科学の先入観は特殊な宗教的感情に導くのです。しかしながらそれは本質的にもっと素朴な人々の宗教性とは異なっています（傍点筆者）」

「われわれが立入ることのできないなにものかが存在しているという知覚、きわめて深遠な理性やきわめて輝かしい美を感じ取ること（それらはその最も初源的な形でのみわれわれの精神が到達できるものである）。真の宗教性をかたちづくるのはこのような知覚であり、このような感覚である。この意味において、そしてこの意味においてのみ私は深い宗教的人間である。私は自らの創造物を誉めたり、罰したりする神や、人間が自ら経験する種類の意志をもつ神については考えることができない。自分の物理的死を超えて生き延びる個人については考えることができないし、考えたくもない。恐れや馬鹿《ばか》げたエゴから生まれた弱々しい魂にこのような思考を与えよ。私は、どれほど小さなものであれ、自然の中でそれ自身を明らかにしている理性の一部を理解しようとする献身的な努力に満足するとともに、生命の永遠さの神秘や存在する世界の驚くべき構造を知り、感じ取ることに満足している（傍点筆者）」

「宗教なき科学は跛行的《レイム》であり、科学なき宗教は盲目《ブラインド》である」

精神と物質とは相補的関係にあるだろう。精神は物質によって自己を表現し、物質は精神によってその盲目性を脱し得る。「科学は物質の探求であり、宗教は精神の深みを尋ねるものであるから、科学と宗教もまた相補的」であり、「宗教が科学や技術のような物質法則の学問に助けられることは明らか」で「反面において科学は宗教によって真にその使命を自覚」(75)すべきだと思う。

一見互いに矛盾するように思われる科学と宗教が相補的であることを自覚すること

プラトン（Platón）
前四二七—前三四七。古代ギリシャの哲学者。ソクラテスの弟子。ソクラテスの哲学を受け継ぎ、さらに発展させて観念論哲学を創始した。著書に『ソクラテスの弁明』など多数がある。

によって初めて、われわれは真の自然（物質・宇宙・生命）を理解し得るのではないだろうか。「宗教は神聖な実在との遭遇であり、科学は物理的実在との遭遇である」(73)というが、科学も宗教も共に〝真実〟を求めるのなら、科学は宗教によって示される精神界の神秘性を尊重すべきであるし、宗教も科学によって示される物質界の神秘性を知るべきである。そのような科学、宗教のみが、真に人類のため、そして、この地球のために、相補的に貢献することになるだろう。また、そのような科学と宗教は自然にも受け入れられるだろう。

ベーコン（37ページ参照）は「哲学を少しばかりかじると、人間の心は無神論に傾くが、しかし、哲学を深く究めると、再び宗教に戻る」(76)と述べたが、私は「科学を少しばかりかじると、人間の心は無神論に傾くが、科学を深く究めると有神論に傾く」のではないかと思う。

＊プラトンは「理知の視力は、肉眼の視力がその減退期に入ると、ようやくその鋭さを増し始めるものだ」(77)といったが、私は、われわれが〝理性の視力〟の次に持たねばならないのは〝感性の視力〟ではないかと思う。〝感性の視力〟なくして真の自然（物質・宇宙・生命）を理解するのは不可能であろう。

参考図書

(1) 藤井義夫『アリストテレス』(勁草書房、一九五九)
(2) 小林道憲『生命と宇宙——21世紀のパラダイム』(ミネルヴァ書房、一九九六)
(3) 村上真完『インド哲学概論』(平楽寺書店、一九九一)
(4) 立川武蔵『はじめてのインド哲学』(講談社現代新書、一九九二)
(5) 寺田寅彦『寺田寅彦全集　第十巻』(岩波書店、一九九七)
(6) 志村史夫『文明と人間——科学・技術は人間を幸福にするか』(丸善ブックス、一九九七)
(7) 大久保利謙編『明治文学全集3　明治啓蒙思想集』(筑摩書房、一九六七)
(8) 内山勝利(編)『ソクラテス以前哲学者断片集　第Ⅳ分冊』(岩波書店、一九九八)
(9) 鎌田茂雄『般若心経講話』(講談社学術文庫、一九八六)
(10) 梶山雄一、上山春平『空の論理〈中観〉』(角川文庫ソフィア、一九九七)
(11) 吉田洋一『零の発見——数学の生ひ立ち』(岩波新書、一九三九)
(12) カール・ヤスパース(重田英世訳)『ヤスパース選集第9　歴史の起源と目標』(理想社、一九六四)
(13) 福原麟太郎(編)『世界の名著㉕　ベーコン』(中公バックス、一九七九)

(14) 野田又夫（編）『世界の名著㉗　デカルト』（中公バックス、一九七八）
(15) 湯川秀樹、井上健（編）『世界の名著79　現代の科学Ⅰ』（中公バックス、一九七九）
(16) 松長有慶『密教』（岩波新書、一九九一）
(17) ブライアン・グリーン（林一、林大訳）『エレガントな宇宙――超ひも理論がすべてを解明する』（草思社、二〇〇一）
(18) ルクレーティウス（樋口勝彦訳）『物の本質について』（岩波文庫、一九六一）
(19) 中谷宇吉郎『雪』（岩波文庫、一九九四）
(20) 池内俊彦『生命を学ぶ タンパク質の科学』（オーム社、一九九九）
(21) 室伏きみ子、小林哲幸『やさしい細胞の科学』（オーム社、一九九九）
(22) 藤縄謙三『ギリシア神話の世界観』（新潮選書、一九七一）
(23) 出隆、岩崎允胤（訳）『アリストテレス全集3　自然学』（岩波書店、一九六八）
(24) 内山勝利（編）『ソクラテス以前哲学者断片集　第Ⅱ分冊』（岩波書店、一九九七）
(25) 宇治谷孟（訳）『日本書紀(上)　全現代語訳』（講談社学術文庫、一九八八）
(26) 関根正雄（訳）『旧約聖書　創世記』（岩波文庫、一九五六）
(27) ブルーノ（清水純一訳）『無限、宇宙および諸世界について』（岩波文庫、一九八二）
(28) 林忠四郎、早川幸男（編）『岩波講座　現代物理学の基礎12　宇宙物理学』（岩波書店、一九七三）

(29) 和田純夫『20世紀の自然観革命――量子論・相対論・宇宙論』（朝日選書、一九九七）
(30) J・L・シンジ（中村誠太郎訳）『相対性理論の考え方――20世紀理論物理学の革命』（講談社ブルーバックス、一九七一）
(31) 都筑卓司『10歳からの相対性理論――アインシュタインがひらいた道』（講談社ブルーバックス、一九八四）
(32) ジョン・バロウ（松田卓也訳）『宇宙が始まるとき』（草思社、一九九六）
(33) 佐藤文隆『岩波講座　現代の物理学　第11巻』（岩波書店、一九九五）
(34) 近藤陽次『世界の論争・ビッグバンはあったか――決定的な証拠は見当たらない』（講談社ブルーバックス、二〇〇〇）
(35) ジョージ・ガモフ（伏見康治ら訳）『G・ガモフ　コレクション①　トムキンスの冒険』（白揚社、一九九一）
(36) マーティン・リース（林一訳）『宇宙を支配する6つの数』（草思社、二〇〇一）
(37) 志村史夫『したしむ量子論』（朝倉書店、一九九九）
(38) 志村史夫『したしむ振動と波』（朝倉書店、一九九八）
(39) 志村史夫『いやでも物理が面白くなる――交通信号「止まれ」はなぜどこの国でも赤なのか?』（講談社ブルーバックス、二〇〇一）
(40) A. Tonomura "Electron Holography" (Springer-Verlag, 1993)

(41) D・ボーム（井上忠ら訳）『全体性と内蔵秩序（新装版）』（青土社、一九九六）
(42) 野田又夫（編）『世界の名著㊴ カント』（中公バックス、一九七九）
(43) W・K・ハイゼンベルク（河野伊三郎、富山小太郎訳）『現代物理学の思想』（みすず書房、一九六七）
(44) 寺田寅彦『寺田寅彦全集　第五巻』（岩波書店、一九九七）
(45) クシティ・モーハン・セーン（中川正生訳）『ヒンドゥー教――インド三〇〇〇年の生き方・考え方』（講談社現代新書、一九九九）
(46) 鎌田茂雄『華厳の思想』（講談社学術文庫、一九八八）
(47) フリッチョフ・カプラ（吉福伸逸ら訳）『タオ自然学』（工作舎、一九七九）
(48) 寺田寅彦『寺田寅彦全集　第九巻』（岩波書店、一九九七）
(49) 日本物理学会（編）『ランダム系の物理学』（培風館、一九八一）
(50) F・デーヴィッド・ピート（鈴木克成、伊東香訳）『賢者の石――カオス、シンクロニティ、自然の隠れた秩序』（日本教文社、一九九五）
(51) ゲーテ（高橋義人編訳／前田富士男訳）『自然と象徴――自然科学論集』（冨山房百科文庫、一九八二）
(52) 志村史夫『したしむ熱力学』（朝倉書店、二〇〇〇）
(53) I・プリゴジン、I・スタンジェール（伏見康治ら訳）『混沌からの秩序』（みすず書

房、一九八七）
(54)　E・シュレーディンガー（岡小天、鎮目恭夫訳）『生命とは何か――物理的にみた生細胞』（岩波新書、一九五一）
(55)　清水博『生命を捉えなおす――生きている状態とは何か』（中公新書、一九七八）
(56)　志村史夫『生物の超技術――あっと驚く木や虫たちの智恵』（講談社ブルーバックス、一九九九）
(57)　丸山茂徳、磯崎行雄『生命と地球の歴史』（岩波新書、一九九八）
(58)　池内俊彦『生命を学ぶ　タンパク質の科学』（オーム社、一九九九）
(59)　木村資生『生物進化を考える』（岩波新書、一九八八）
(60)　R.Leakey, R.Lewin　"The Sixth Extinction" (Doubleday, 1995)
(61)　D・M・ラウプ（渡辺政隆訳）『大絶滅――遺伝子が悪いのか運が悪いのか？』（平河出版社、一九九六）
(62)　永山國昭『生命と物質――生物物理学入門』（東京大学出版会、一九九九）
(63)　岡秀隆、藤井純子『アメニティ都市――細胞から八段階の統合』（丸善ブックス、二〇〇〇）
(64)　今西錦司『生物の世界』（講談社文庫、一九七二）
(65)　ジェームス・トレフィル（美宅成樹訳）『科学101の未解決問題――まだ誰も答えを知ら

ない』（講談社ブルーバックス、一九九九）
(66) 淡野安太郎『ベルグソン』（勁草書房、一九五八）
(67) 澤瀉久敬（編）『世界の名著㊹ ベルクソン』（中公バックス、一九七九）
(68) 松浪信三郎、高橋允昭（訳）『ベルグソン全集4 創造的進化』（白水社、一九九三）
(69) 渡辺秀（訳）『ベルグソン全集5 精神のエネルギー』（白水社、一九九三）
(70) 中谷宇吉郎『科学の方法』（岩波新書、一九五八）
(71) 志村史夫『半導体シリコン結晶工学』（丸善、一九九三）
(72) 志村史夫『したしむ固体構造論』（朝倉書店、二〇〇〇）
(73) ジョン・ポーキングホーン（小野寺一清訳）『科学者は神を信じられるか――クォーク、カオスとキリスト教のはざまで』（講談社ブルーバックス、二〇〇一）
(74) アブラハム・パイス（村上陽一郎、板垣良一訳）『アインシュタインここに生きる』（産業図書、二〇〇一）
(75) 堀伸夫『科学と宗教――神秘主義の科学的背景』（槇書店、一九八四）
(76) フランシス・ベーコン（渡辺義雄訳）『ベーコン随想集』（岩波文庫、一九八三）
(77) プラトン（久保勉訳）『饗宴』（岩波文庫、一九五二）

あとがき

二一世紀初頭のいま、「先進国」では「IT（情報技術）革命」なるものが急激な勢いで進み、巷《ちまた》には「情報」が洪水のごとく溢《あふ》れている。この「IT」も、私がいうところのエレクトロザウルスの一種である。ところで、「情報」の「情」は「なさけ、こころ」なので、「情報」は本来「情（なさけ）」や「心（こころ）」を「報《しら》せる」ものでなければならない。ところが「IT（情報技術）」が進めば進むほど「情」がなくなり「報」ばっかりになっていくようである。

倉田百三の『出家とその弟子』に登場する親鸞《しんらん》が「知識が殖《ふ》えても心の眼は明るくならぬでな」と言っている。サン＝テグジュペリの『星の王子さま』に登場するキツネが「心で見なくちゃ、ものごとよく見えないってことさ。かんじんなことは、目に見えないんだよ」と言っている。

IT革命が進み、情報が増えれば増えるほど、人間は「技術」が吐き出す「情報」に踊らされ、感性や心の眼を失ってしまうのだろう。

情報技術、「IT革命」につながる半導体エレクトロニクスの仕事に従事してきた私は内心忸怩《じくじ》たる思いである。

長年、自然科学の分野で仕事をしてきた私が、いまになって、感性や「心の眼」の重要性を説き、「神さま」の存在を信じたいと思うなんて、誠に奇妙に思えなくもないが、きわめて当然であるとも思う。また、「科学」をやればやるほど、「科学」の限界を実感し、「宗教心」が芽生えるのも自然な気がする。

二一世紀の初頭に、私自身の思索の大いなるけじめとなるような本が書けたことを心から嬉《うれ》しく思う。また、このような本を書く機会を与えていただいた新潮社に心から感謝したい。最後に、本書の出版に際し、多大の協力をいただいた新潮社出版部の佐々木勉氏に心から御礼申し上げたい。佐々木氏の数年間にわたる熱意と忍耐の持続がなければ、本書が新潮社から出版されることはなかったであろう。

合掌

志村史夫

二一世紀の初年　師走

「こわくない物理学」の「こわくない解説」

篠塚英子

同じ仲間

日本語の「文（科）系」と「理（科）系」という言葉は対立的に導入され、多少意図は薄められたが今でも人口に膾炙《かいしゃ》している。封建時代から一挙に文明開化を迫られた明治国家にとっては、建国に必要な国家戦略として、科学・技術の導入は必須《ひっす》であり、その結果、研究と教育におけるこうした区別が必要であったのだろうと、私は勝手に解釈している。

私が仕事をしている分野は経済学の末端なので、学問としては「人文科学」、もっと狭めて「社会科学」に相当する。志村史夫さんが（後述するような付き合いから、親しく〝さん〟付けで呼ぶ）、長年研究対象としてきた半導体という物質の研究は、学問分野では応用物理学という「自然科学」に属する。しかしアララ～、「社会科学」

「自然科学」と両者にはちゃんと「科学」が付いているではありませんか。ナアンダ最初から仲間だったのですね。

確かに英語では、自然科学は natural science であり、人文科学は the humanities または human science で共に science である。しかし一般的に学問と無縁に用いる「理（科）系」になると the science course であり、他方「文（科）系」は the humanities course になり、後者からは科学が抜け落ちている。ウ～ン現代社会の混迷はこの辺にあるかもしれない。

両者には、観察する対象が自然界であるか、人間社会であるかで、大きな違いが確かに存在する。しかしそこに参加する観察者が「知性をもって」科学する態度で臨むという行為に関しては、本来両者はまったく共通であり、二つの学問は同じ仲間である。

だが自然科学者と人文科学者がいかにすばらしい科学研究成果をあげようとも、それが自然界と人間社会にどのような影響を及ぼすのかを、自然界（人間以外の生物）と人間がきちんと理解していないと、とんでもないことになる（原子爆弾まで製造し、人間と自然を破壊する最悪の実験をしてしまったのであるから）。だからこうした自然界と人間社会にとって必要で有用なものかどうかの判断を、すべて他人まかせで、科学者だけに委託するのはあまりに危険ということになろう。というのは観察対象が実はおもしろすぎて、科学者が、その結果がどういう影響を及ぼすかにまで思いがいたらないほど、無我夢中になる傾向があるからである。

ところが自然界自体は人間のように発言し告発する手段をもたない。だからそうした科学研究の結果、技術を創《つく》ってしまった人間こそが、代理人として自然界に替わって発言していかなければならない。「もうこんな科学研究も技術も不要ですから、すこし休憩してください」とか、「新しい科学研究でこういう技術こそ作って、自然界の修復に貢献してほしい」とか、あるいは「効率性の高い、安価な技術はありがたいけど、私たちの生活の時間ドロボウ（ミヒャエル・エンデ『モモ』）にならないような社会システムを考案してください」等々である。

こうした自然界と科学者の間にはいって仲介者の立場で発言することが科学の恩恵と被害の両方を直接こうむる、まっとうな人間のとるべき役割なのであろう。そのためには、まず自然科学に対する知識を獲得するアプローチが必要であり、次いで、人文科学への理解も求められる。そこでこうした知識にしたしむことがまず必要である、と志村さんは主張する。

ところが私には志村さんこそ、自然に替わって代弁してあげられる最高の実践者として本書を書いたようにおもえてならない。当然まず出発点は志村さん自身の研究である物質からスタートする。その物質を中核にして、宇宙から生命にまで考察を展開し、その不思議さ、人知の及ばない限界に脱帽して、哲学し、神を畏敬《いけい》し、ひれ伏すというのが、本書『こわくない物理学』のエッセンスである。

自然科学を心して究明した結果、自然科学者の枠内に納まらなくなった志村さんがいまここに在る。自然界の声を聴きわけ、人間社会にその声の一端を語ってくれる語《かた》り部《べ》になった志村さんの存在は一般読者にとってとても幸せなことである。なぜなら専門化が一段と激しくなった自然科学・社会科学では、宇宙まるごと一般読者に情報発信できる人材は稀有《けう》になりつつあるからである。私の少ないネットワーク内では、もう一人の情報発信可能な稀有な科学者として生命科学者でお茶の水女子大学名誉博士の柳澤桂子《けいこ》さんの名を挙げることができる。

広いネットワーク

志村さんと初めて会ったのは、理系と文系研究者の異分野交流会で西村吉雄《よしお》氏（現在大阪大学フロンティア研究機構特任教授）を介してである。一九九三年秋、志村さんがノースカロライナ州立大学を引き払い、静岡理工科大学に移った直後のことであった。本書でも触れてあるように、半導体のもたらす社会的影響を「エレクトロザウルス」という造語に託して、潔《いさぎよ》く半導体研究から引退し日本に戻っていた。その後はさまざまなモノつくりの現場を訪ねては聞き書きし、講演材料に適宜とりいれ、〝ごっちゃまぜにした〟ようにみえたエッセイをしこしこ書いていた時期にあたる。それらが次々に一冊の自然科学の啓蒙書《けいもうしょ》に仕上がっていく。まさに〝趣味〟の世界に没入していったのである。

九〇年代後半、日本経済はバブル崩壊過程とはいえ、まだ強気であった。半導体研究で期待され、この分野で世界のどこでも食べていける研究実績がありながら、志村さんの数十年先を見越して引退した学者としての行動に、私は経済学の立場からまず興味をもった。そこで当時傾注していた同人誌『AVIS』98号（「文明が進むと人間は退化する」一九九五年）にインタビュー相手として登場してもらった。これがきっかけで、その後、私の「文系」の友人グループも加わり小グループの交流が続き、温泉一泊の勉強会などをはさみながら、現在に至っている。

志村さんの職業は現在、私と同じく大学教員のはずであるが、国内、海外と移動しまくっており、勤務先でちゃんと仕事をしているのか心配してたずねると「最低限のことはやっているよ」というので安堵《あんど》した。それどころか、東京や鎌倉で講演があると卒業生のおっかけ元学生が会場を占めていたという情報を主催者から漏れきいたりする。オーロラをみに北欧に出かけると言っていた海外旅行のことも、後日のエッセイから学生数人が同伴していたことがわかり、どうやら先生が学生のお世話もしたらしい、等々、私などよりはるかによき教師でもある。

好奇心のカタマリ

本書のどこを開いても志村さんの好奇心のかたまりが丸出しである。知りたいと思うと居ても立ってもいられず、どこにでも飛んでいく。まず手始めにこれをエッセイに書いては、独特の味のある筆墨封書で送ってくる。これが私の雑文の場合と大いに違うのは、のちに出版の貴重な原稿下敷きになることだ。そこで見せられた方にも好奇心が伝播《でんぱ》して、こちらもいってみたくなる。出雲《いずも》の吉田村で古来の製鐵法《せいてつ》「タタラ」の実演があるというのを知り、とうとう門外漢の私までも出雲まで出かけてしまったほどである。

志村さんの関心はまず物質にあるので、身辺に興味の対象を探すのに事欠かない。『生物の超技術――あっと驚く木や虫たちの智恵《ちえ》』（講談社。ブルーバックス、一九九九年）などはまさに昆虫採集好きの志村少年の顔を随所に覗《のぞ》かせている。この本の出版前には『古代日本の超技術——あっと驚くご先祖様の智恵』（同社、一九九七年）を出している。ここでは千三百年も凛《りん》として立っている法隆寺の〝倒れない五重塔〟に圧倒された志村さんが、これに使われた樹齢推定二千年ものヒノキのとりこになっている様子が伺われる。そのヒノキの〝一本立ち〟のすごさに驚いた延長線上に、クモや、カイコや竹や虫たちなど身近な生き物がもっている智恵をまず知りたい、知ったら知らない人たちに知らせたくなるという衝動がある。そこでもその生き物たちの技術を人間がつくりだした〝ハイテク〟と対比させている。

「現代の〝ハイテク人間〟が、古代人の技術と木や虫たちのすごさを知り、彼らに畏敬の念を抱けるならば、現代文明の行き詰まりも、多少、打開できるのではないか、と私はおもっているのである」（『生物の超技術』まえがき）。

研究イコール道楽

最近もらったエッセイから判断すると、昨今の研究はどうやら二つにしぼりこまれているようである。ひとつはイタリア発祥の、粘土を焼いてできた楽器、オカリナの「科学的研究」と、もうひとつは、古代製鐵法「タタラ」からさらに一歩すすみ、「日本刀の科学的研究」のようである。いずれまた熟成したら新刊本に完成するであろうが、これを「道楽」といわずしてなんと言おう。

ハイテク人間を脱出した志村さんの原稿は、風格ある手書きで、ワープロなど使わない。ある出版記念会でその手書き原稿を実際に見る機会があったが、まったく加筆修正のない見事な作品であった。いま私はこの原稿をワープロで書いては消しなどしている。主義主張と行動は貫徹してなんの迷いもない志村さんに会う人ごとが、志村ファンになるというのもまた理解できる。

いやなことはしない。精神衛生がすこぶるよいのは、好きな研究を道楽にしてしまったからで、悔しいけれど、この生き方は私には到底達成できないようである。

（平成十七年五月、お茶の水女子大学教授）

この作品は平成十四年三月新潮社より刊行された。文庫化に際し、加筆修正した。

池田清彦著
新しい生物学の教科書
もっと面白い生物の教科書を！　免疫や老化など生活に関わるテーマも盛り込み、生物学の概念や用語、最新の研究を分かり易く解説。

立花　隆著
脳を鍛える
―東大講義「人間の現在」―
自分の脳を作るには、本物の知を獲得するには、何をどう学ぶべきか。相対性理論から留年のススメまで、知的刺激が満載の全十二講。

藤原正彦著
数学者の休憩時間
「正しい論理より、正しい情緒が大切」。数学者の気取らない視点で見た世界は、プラスもマイナスも味わい深い。選りすぐりの随筆集。

毎日新聞科学部
大学病院ってなんだ
悪口を叩かれながらも、依然人気の高い大学病院。我々は大学病院に何を期待できるのか。その実像を科学部記者達が冷静に解析した。

養老孟司
南　伸坊著
解剖学個人授業
ネズミも象も耳の大きさは変わらない!?　えっ、目玉に筋肉？　「頭」と「額」の境目は？自分がわかる解剖学――シリーズ第3弾！

C・セーガン
青木　薫訳
人はなぜエセ科学に騙されるのか（上・下）
宇宙人による誘拐、交霊術、超能力……似非科学を一つ一つ論破し、科学する心があれば惑わされることはないと説く渾身のエッセイ。

こわくない物《ぶつ》理《り》学《がく》

—物質・宇宙・生命—

新潮文庫　し-54-1

平成十七年七月一日発行

著者　志《し》村《むら》史《ふみ》夫《お》

発行者　佐藤隆信

発行所　株式会社 新潮社

郵便番号　一六二—八七一一
東京都新宿区矢来町七一
電話　編集部(〇三)三二六六—五四四〇
　　　読者係(〇三)三二六六—五一一一
http://www.shinchosha.co.jp

価格はカバーに表示してあります。

乱丁・落丁本は、ご面倒ですが小社読者係宛ご送付ください。送料小社負担にてお取替えいたします。

ＤＴＰ組版製版・株式会社ゾーン
印刷・錦明印刷株式会社　製本・錦明印刷株式会社

ISBN4-10-118941-2 C0142

新潮文庫

新潮文庫　サイエンス

池田清彦	新しい生物学の教科書
石原清貴 文 沢田としき 絵	「算数」を探しに行こう! —「式」や「計算」のしくみがわかる五つの物語—
南　伸坊 岡田節人	生物学個人授業
河合隼雄 南　伸坊	心理療法個人授業
南　伸坊 多田富雄	免疫学個人授業
南　伸坊 養老孟司	解剖学個人授業
小柴昌俊	やれば、できる。
澤口俊之 阿川佐和子	モテたい脳、モテない脳
志村史夫	こわくない物理学 —物質・宇宙・生命—
清邦彦 編	女子中学生の小さな大発見
竹内久美子	男と女の進化論 —すべては勘違いから始まった—
	小さな悪魔の背中の窪み —血液型・病気・恋愛の真実—
	シンメトリーな男
中野不二男	ココがわかると科学ニュースは面白い
養老孟司 奥本大三郎 池田清彦	三人寄れば虫の知恵
カーソン	沈黙の春
グリック	カオス—新しい科学をつくる—
セーガン	人はなぜエセ科学に騙されるのか(上・下)

カバー印刷　錦明印刷　　デザイン　新潮社装幀室

9784101189413
1920142004386

定価：本体438円（税別）

生命体を刻めば、細胞、核、遺伝子……やがて炭素や酸素や水素といった元素にたどり着く。しかし、いくら元素を混ぜても生命体は生まれない。「生命とは何か」この超難問に第一線の物理学者が挑む。その挑戦は、ギリシャ哲学、古典力学、相対性理論、量子論、宇宙物理学、生命哲学を巻き込む壮大な知的大冒険となった。難しい数式なしで、哲学としての物理学を追究した画期的名著。

ISBN4-10-118941-2
C0142 ¥438E